우리도 핵무장을
해야 하는가?

BEMIL 총서 ❸

우리도 핵무장을 해야 하는가?

최장수
국방부 출입기자
최다 특종 군사전문기자
유용원
핫이슈 칼럼집

플래닛미디어
Planet Media

우리나라 최초의 군사전문기자로서
군과 함께 걸어온 25년을 사진으로 돌아보다

1991년 일본자위대 취재

1993년 러시아 태평양사령부 방문

1997년 미국 최대 수소폭탄 앞에서

1999년 동티모르 상록수부대 선발대 동행취재

1999년 동티모르 상록수부대 취재 중
현지 지도자와 함께

1999년 중국 루다급 구축함 함상에서

2001년 인도네시아 CN-235 공장

2001년 10월 프랑스 라팔 전투기
한국 언론 최초 탑승취재

2003년 역사적인 동해선 공사 현장 앞에서

2004년 리처드 롤리스 미 국방부
동아태 담당 부차관보 단독 인터뷰

2004년 미 항모 키티호크 승함

2004년 이라크 아르빌 미군 헬기 동승취재

2004년 10월 이라크 자이툰부대

2005년 2월 해군 P-3C 5시간 초계비행
최초 동승취재

2005년 러포트 주한미군사령관 초청 토론회

2005년 일본 155mm 자주포 앞에서

2005년 일본 자위대 후지학교 방문

2005년 제1회 유용원의 군사세계 세미나

2005년 6·25전사자 유해 발굴 체험

2005년 8월 아시아 최대 공군기지인
일본 오키나와 가데나 기지 방문

2005년 8월 일본 요코스카 해군기지의
최신형 오야시오 잠수함 앞에서

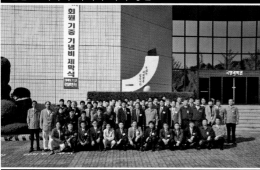

2005년 11월 ADD 격려비 제막

2005년 12월 A-37 야간비행 최초 동승취재

2005년 펜타곤 브리핑룸에서

2006년 원자력추진 미 항모 링컨호 탑승

2006년 자이툰부대 취재

2006년 11월 F-15K부대 위문

2007년 2월 미 원자력추진 잠수함
오하이오 한국 내 첫 공개 취재

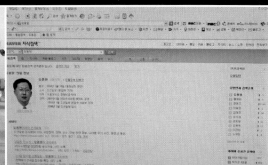

2007년 3월 네이버 유명인사 검색 순위 1위

2007년 국회 안보와 동맹 연구 포럼
창립식 및 정책토론회

2007년 B. B. 벨 한미연합군사령관 초청
관훈토론회

2008년 7월 국산 경공격기 KA-1 최초 탑승취재

2008년 8월 미 이지스함 채피 한국 언론 첫 동승취재

2009년 3월 중국군 총참모장 단독 인터뷰

2009년 7월 공군 순직 부자 조종사 추모비 제막

2010년 사상 최초로 ≪조선일보≫와 육군 본부가 6·25전쟁 60주년을 맞아 함께 추진한 'DMZ 종합기록물' 제작사업을 위해 1년 여 동안 DMZ 내의 생태와 문화재 등을 취재했다. (사진 ⓒ 조선일보)

2010년 'DMZ 종합기록물' 제작사업 당시 헬기를 타고 DMZ 철책선 서쪽 끝에서 동쪽 끝까지 동행했던 소설가 김훈 씨(위 사진 왼쪽에서 세 번째)를 포함한 취재단. (사진 ⓒ 조선일보)

2006년 2월 한국국방안보포럼(KODEF) 창립 총회 _ 사단법인 한국국방안보포럼은 2006년 2월 창립 후 10년간 40여 차례의 세미나를 개최하고 80여 권의 KODEF안보총서를 발간했다. 연구위원 등이 수시로 공중파·종편 방송에 출연하는 등 국방정론과 안보의식 확산을 위한 활발한 활동을 벌여왔다. 김재창 예비역대장, 현인택 전 통일부 장관이 공동대표로 있으며 필자는 기획조정실장으로 실무책임을 맡고 있다.

2011년 9월 유용원의 군사세계 개설 10주년 행사가 김관진 국방장관, 방상훈 조선일보사 사장, 한민구 합참의장, 천영우 청와대 외교안보수석, 곽승준 청와대 미래기획위원장, 신학용 국회 국방위원, 노대래 방위사업청장 등 200여 명이 참석한 가운데 성대하게 개최됐다.

2012년 6월 주한미군·카투사 순직자 추모비 제막 _ 1953년 정전 협정 체결 이후 판문점 도끼만행 사건 등 북한의 도발과 각종 임무수행 중 발생한 사고 등으로 인해 순직한 주한미군 92명과 카투사 38명을 기리기 위해 필자의 주도로 2년여 동안 사업이 추진돼 2012년 6월 주한미군·카투사 순직자 추모비가 제막됐다. 사진은 김관진 국방장관, 월터 서먼 주한미군사령관, 정승조 합참의장, 조양호 한국방위산업진흥회장, 권오성 한미연합사부사령관, 김재창 한국국방안보포럼 대표, 필자 등이 추모비을 제막하는 모습이다.

2013년 3월 국방부 출입 20년을 맞아 김관진 국방장관으로부터 감사장을 받았다. 1993년 3월부터 국방부를 출입했으며, 2016년 1월 현재까지도 국방부 출입을 계속하며 국내 언론인 중 최장수 국방부 출입 기록을 매년 경신하고 있다.

SSgt Michael Patterson

2009년 10월 미 공군 특수비행팀 '썬더버즈' 한국 언론 최초 탑승취재

2011년 항공우주공로상 수상

2013년 TV조선 〈유용원의 밀리터리 시크릿〉 방송

2014년 TV조선 〈북한 사이드 스토리〉 MC로 프로그램 1년간 진행

2014년 1월 ROTC중앙회 감사패 수상

2014년 5월 에어버스헬리콥터 사장 단독 인터뷰

2014년 7월 영화 연평해전 성금 전달

2014년 특전사 자매결연 및 위문

2014년 '대한민국 슈퍼 웹사이트 23'에
유용원의 군사세계 선정

2015년 3월 백선엽 장군 인터뷰

2015년 6월 육군 3사관학교 성우회 포럼 1회 강연

2015년 독도함·한국국방안보포럼 자매결연

2015년 8월 유용원의 군사세계
누적 방문자 3억 명 돌파

2015년 9월 유용원의 군사세계
누적 방문자 3억 명 돌파 기념 행사

2015년 11월 육군항공학교 추모흉상 제막

2015년 12월 7기동전단 제주 해군기지 이전 동승취재

■ 秘密계획─核무장 선택권 戰略
(Nuclear Option)의 대두

『한국은 核무장 능력을 가져야 한다』

庚 龍 源 월간조선부 기자

▲ 핵무장 선택권 전략 특종(≪월간조선≫ 1991년 10월호)
▼ 하나회 명단 특종(≪월간조선≫ 1993년 1월호)

하나회는 육사20기 이후에도 영관급까지 조직돼 있다

庚 龍 源 월간조선부 기자

충격의 사실

하나회원 1백53명(11~26기) 명단 완전 공개

하나회는 해체될 수 없는 조직

· 하나회는 「일자회」와 별개로 36기까지 이어져 총 회원이 2백20여명에 이른다.
· 대통령을 비롯해 안기부장, 대통령 경호실장, 다섯 명의 국무위원,
14대 국회의원 16명이 하나회 출신이다.
· 17기부터 22기까지의 선두주자(진급이 가장 빠른 장교) 1~3위는 모두 하나회원이다.
· 李鍾九 전 국방장관은 하나회의 총수였다.

西紀 1993年（檀紀 4326年）12月 15日 水曜日 （日刊）

朝鮮日報

국방부, 55억 사기당했다

프랑스무기상, 돈만 챙기고 잠적

西紀 1996年 5月 23日 木曜日（檀紀 4329年 4月 7日）

朝鮮日報

국내 첫 1만t급 航母 건조

2012년까지 해군력 강화 12조원 투입

제의

정치자금을 모금합니다

西紀 1996年 5月 24日 金曜日

「大洋해군」 10여년 앞당겨

海軍 전력 증강계획

中日 해군력 강화에 자극
예산 늘고 3軍 갈등 예상

정찰기 도입비리의 핵심인물

군사기밀 유출·각종 로비 의혹

「린다 김」 政·官界 거물과 친분

조선일보 西紀 1998年 10月 4日

"송편 수출

두산 군포공장
아남 광주공장

" "고향은 못갔지만…"
밝혀야 하는 이들의 표정이 밝다.

chosun.com

조선일보 사회 31

美軍기지 1900만평 반환
훈련장 등 상당수 통폐합

전체 25% 대수술… 도시지역 600만평 새로 요청

2001년까지 전면 재조정… 곧 韓·美 실무협상

원화종 수수 4억 수뢰
오늘 국회법정 출두

금융 피라미드 200억 사기

새 주민證 위조 첫 적발

프로그램 도용 3명 검거… 휴대폰 200여개 발급받아

朝鮮日報

chosun.com

北무인기, 청와대 바로 위 20여초 떠있었다

靑 남동쪽→서북쪽 이동 촬영
"北 시설물 無人機 수십대 양산"

호탄기가 찍은 청와대

25년간 올곧게 한길 걸으면서
펜의 힘 보여준 국내 최초 군사전문기자

"펜은 칼보다 강하다.(The pen is mightier than the sword.)"

이 말은 촌철살인과도 같은 글은 무기보다도 더 큰 영향력을 발휘할 수 있다는 뜻으로 이해할 수 있습니다. 글은 사람을 직접적으로 죽일 수 있는 칼과 같은 무기는 아니지만, 사람의 마음을 움직일 수 있기 때문에 그 영향력은 무기보다 훨씬 더 클 수 있습니다.

군사, 국방의 문제는 나라와 국민의 생사와 안위가 달린 중요한 문제이기 때문에 올바른 사실을 신속하게 알리고 그에 대한 해법을 함께 찾아나가도록 방향을 제시해 의사결정을 돕는 역할은 무엇보다 중요합니다.

이러한 사명감을 갖고 25년간 올곧게 한길을 걸으면서 실제로 펜의 힘을 보여준 이가 있습니다. 그가 바로 《조선일보》 유용원 군사전문기자입니다. '우리나라 최초의 군사전문기자'이자 '최장수 국방부 출입기자'로서 그가 지금까지 25년간 써온 글들은 우리 군의 살아 있는 역사이기도 합니다. 그는 우리 군이 걸어온 매순간에 총이 아닌 펜을 들고 우리와 함께했습니다.

그런 점에서 이번 그의 칼럼집 출간은 의미가 큽니다. 이 책에 수

록된 그의 주옥같은 칼럼들에는 우리 군의 중요한 역사가 아로새겨져 있습니다. 이 책을 통해 우리 군의 지난 25년을 되돌아보는 것은 우리 군의 현재와 미래를 위해 꼭 필요한 일입니다.

한 기자가 오랫동안 한 분야의 기사만을 전담하여 썼다는 것은, 첫째 그 분야에 대한 '열정과 사명의식'이 대단하고, 둘째 다른 사람으로 대체할 수 없을 정도로 '전문지식'이 상당하며, 셋째 남들이 인정할 만한 '예리한 통찰력'을 지녔다는 것으로 해석할 수 있습니다. 이러한 해석은 내가 본 유용원 기자의 모습과 일치합니다. 단적으로 《조선일보》에서 특종상을 가장 많이 받은 기자'라는 그의 또 다른 타이틀이 그것을 잘 말해줍니다.

오랫동안 우리 군과 함께해온 《조선일보》 유용원 군사전문기자의 칼럼집 출간을 축하하며, 이 책이 우리 군의 발전과 국방에 큰 도움이 되기를 바랍니다.

예비역 육군대장 백선엽

군과 방위산업, 학계, 그리고 일반국민들과의 접점에서
다양하게 활동하는 '걸어 다니는 군사백과사전'

흔히 언론을 '불가근불가원(不可近不可遠)'의 존재라고 말합니다. 하지만 군과 언론은 국가 발전 및 안보를 위한 양대 축으로서 상호 유기적인 협조관계가 정립되어야 한다고 생각합니다. 국민의 알 권리를 보장하기 위해 국민들에게 정확한 국방정보를 제공하고, 국방정책에 대한 '합리적인 피드백'을 반영하여 정책을 발전시켜나가려면 적극적으로 언론의 도움을 받아야 합니다. 언론과 가까이 한다는 것은 곧 국민에게 가까이 다가간다는 의미이기 때문입니다.

이 책의 저자인 유용원 기자는 《조선일보》 군사전문기자입니다. 군과 국방부 내에서 "유용원 기자를 모르면 군인이 아니다"라고 할 정도로 유 기자의 지명도는 상상 그 이상입니다. 23년째 국방부를 출입하고 있다 보니 청사 로비에서 가끔 마주치면 기자가 아니라 국방부 직원으로 착각할 때도 있습니다. 대령 시절 일면식이 있었던 유용원 기자를 장관이 되어 다시 그 자리에서 만났으니 그 세월이 결코 짧지 않을 것입니다.

저자는 군사전문기자답게 국방정책, 전략, 작전, 무기체계, 전사에 이르기까지 국방 전 분야에 대해 깊고 넓은 지식과 방대한 자료를 보유하고 있어 '걸어 다니는 군사백과사전'이라는 수식어가 어색하지 않습니다. 이것이 국방부가 유 기자의 기사나 칼럼을 가벼이 넘길 수 없는 이유입니다. 저자는 기자의 매와 같은 날카로운 시선과 풍부한 군사적 식견을 바탕으로 국방부의 아픈 곳을 정확히 짚어내고 가끔은 폐부를 찌르는 고언을 던집니다. 이 칼럼집에도 보도 당시 당국자들을 난처하게 하거나, 고민하게 만들었던 칼럼이 다수 수록되어 있습니다. 좋은 약은 입에 쓴 법입니다. 합리적인 비판이라면 겸허히 받아들이고 자신을 성찰하는 계기로 삼는 것이 지혜로운 사람의 모습일 것입니다.

저자는 '유용원의 군사세계'라는 개인 홈페이지를 만들어 수많은 회원들과 교류하고 있습니다. 또한 한국국방안보포럼 기조실장, 육·해·공군 자문위원, 한국방위산업학회 대외위원장 등의 직책을 맡아 군과 방위산업, 학계, 그리고 일반국민들과의 접점에서 다양하게 활동하고 있습니다. 그래서인지 저자는 국방 문제를 바라볼 때 균형 잡힌 시각을 유지하려고 항상 노력하는 것 같습니다.

이 책은 저자가 2002년부터 최근까지 《조선일보》와 《국방일보》에 기고한 국방 관련 칼럼을 하나로 엮은 것으로, 앞으로는 유 기자의 지난 칼럼을 읽기 위해 인터넷을 일일이 검색하는 번거로움을 덜게 되어 출간 소식이 반갑게 느껴집니다. 평소 군사 분야나 국방 문제에 관심이 있는 분들에게 2002년 이후 우리 국방 현안의 흐름을 한눈에 읽을 수 있는 유익한 자료가 될 것이라고 생각합니다.

앞으로도 유 기자가 사실과 진실에 입각하여 군에 대한 격려는 물론 거침없는 쓴소리를 들려주길 기대하며, 국방부는 이를 국방정책 발전을 위한 조언으로 여기고 귀 기울일 것입니다.

국방부장관 한민구

우리는 왜 유용원이 필요한가?

이미 은퇴하셨지만, 국방과학연구소에 근무하던 사촌 매형이 계셨습니다. 그가 북한이 핵무기를 개발하고 있다고 주장할 때가 1990년대 후반이었고, 성공 단계에 있다고 주장할 때가 2000년대 초였습니다. 전형적인 책상물림 타입인 그의 주장에 나도 반신반의했습니다. 나중에 들은 얘기로는 국정원에서 그에게 함부로 입을 놀리지 말라고 수차례 경고를 했다고 합니다. 하기야 김대중 대통령은 재임 중에 북한의 핵개발은 있을 수 없는 일이라고 공언까지 했으니…. 그럼 그는 그 정보를 어디서 들었을까요? 은퇴 후에 만나서 들은 그의 대답은 이랬습니다.

"누구에게서 정보를 들은 게 아니다. 원자력과 관련된 국제 저널 등과 같은 전문 자료들을 들여다보면, 핵 관련 부품과 기술, 그리고 전문가들의 이동 상황이 눈에 들어온다. 그로부터 핵 개발의 진척 여부에 대한 유추가 충분히 가능하다."

나는 그때 진정한 전문가의 의미와 역할을 절실히 깨달았습니다.

유용원은 군사전문가입니다. 군사 분야에 대해 많이 알기 때문에 기사도 잘 쓰고, 국내 최대의 웹사이트를 운영하는 등 관련 활동을 활발히 하고 있습니다. 그는 이 땅에서 군사 분야에 관한 지식과 정보를 고급화했고, 대중화시켰습니다. 그에 대한 사회적 평가는 대략이 정도입니다. 그러나 내가 위에서 사촌 매형의 얘기를 끄집어낸 것은 유용원의 사회적 가치는 그 이상이어야 한다는 얘기를 하고 싶어서입니다.

우리 사회가 위기를 겪고 있는 이유를 나는 '권위의 실종'에서 찾고 싶습니다. 도대체 우리는 지금 아무 일도 정리가 안 되는 세상에서 살고 있습니다. 모두가 내가 옳다고 소리만 지르고 있고, 그건 이렇다고 정리해주는 존재가 없는 것입니다. 과거에는 그나마 "김수환 추기경이 그러시잖아"라고 하면, 다들 고개를 끄떡였는데 말입니다. 요즘 군사 문제는 사회적으로 가장 민감한 사안 중의 하나입니다. 북한의 도발, 안보의식, 방산 비리, 병역 비리, 군 인권 문제, 한미동맹, 군개혁 등등. 그러다 보니 군사 문제로 인한 사회적 갈등과 불신이 깊어만 가고 있습니다. 바로 이때 우리는 이 문제들에 대해 권위를 가지고 정리해줄 존재가 절실해집니다. 현재 우리 사회에서 그 역할을 할 사람 중에 유용원이 두드러집니다. 때문에 유용원은 위의 사촌 매형 같은 존재로 끝나서는 안 됩니다.

그러기 위해서 유용원은 그 특유의 열정과 신뢰로 가일층 정진해야 하며, 우리 사회는 그를 전문가로서 진지하게 대접하고 또 십분 활용해야 할 것입니다. 군사전문가로서의 그간의 활동을 중간 결산하는 이번 책을 통해 유용원이 우리 사회에서 군사 분야의 '권위'로 성장하는 계기가 되기를 진심으로 기대해봅니다.

국회 국방위원장 정두언

앞으로의 25년 설계를 위해
지난 25년을 돌이켜보면서

최연소 국방부 출입기자로 시작해 최장수 국방부 출입기자가 되기까지

"경제학 전공한 사람이 돈이나 벌지 왜 영양가 없는 군사전문기자가 됐어요?"

지난 20여 년간 군사문제를 담당하면서 가장 많이 받은 질문입니다. 그때마다 저는 "취미가 직업이 돼 행복하다"고 받아넘겼습니다. 어릴 때부터 무기체계에 관심이 많아 1,000개 가까운 무기체계 제원을 외울 수 있었는데 이제 직업이 됐으니 틀린 말은 아니겠지요.

제가 국방부를 공식적으로 출입하기 시작한 것은 1993년 3월입니다. 3년차 기자였는데 당시 최연소 국방부 출입기록이었습니다. 보통 차장급 이상 고참(선임) 기자들이 출입할 때였기 때문입니다. 그 뒤 1996년 1년간 미국 연수 기간을 제외하곤 지금까지 국방부를 담당하고 있으니 23년째 국방부를 출입하고 있는 셈입니다. 그래서 창군 이래 최장수 국방부 출입기자란 얘기를 듣고 있습니다.

국방부 출입 이래 제가 겪은 국방장관은 권영해 장관부터 현 한민구 장관에 이르기까지 15명에 달합니다. 우리나라 국방장관의 평균 재임기간이 그만큼 짧다는 것을 상징적으로 보여주는 지표입니다. 김장수 전 청와대 국가안보실장(현 주중대사), 김관진 청와대 국가안보실장, 한민구 국방장관 등 지난 10여 년간 군을 이끌어왔던 수뇌부는 대부분 20여 년 전 대령~준장 시절 저와 처음 만나 만남을 이어온 인연이 있습니다.

하나회 명단 특종 비롯 25년간 군사·국방 문제 담당

1990년 6월부터 1993년 1월까지 월간조선에서 근무했는데 이때도 주로 군 관련 기사를 썼습니다. 군내 사조직 하나회 명단, 핵무장 선택권 전략 특종이 모두 월간조선 기자 시절 나왔습니다. 월간조선 시절을 포함하면 25년간 국방안보 문제를 담당해온 것입니다.

1993년은 군사정권에서 이른바 문민정권으로 넘어간 첫 해였습니다. 한동안 성역이었던 군을 지탱하던 거대한 둑이 무너지면서 군 관련 기사들이 쉴새없이 쏟아져 나왔습니다. 하나회 숙정, 율곡비리 감사 및 수사, 12·12 및 5·18 인맥 숙정 등 대형 이슈들이 끊이지 않았습니다. 군의 위상과 신뢰는 급전직하했고 사관학교 인기도 크게 떨어졌습니다. 수렁에 빠진 우리 군의 위기감이 팽배했던 때였습니다. 그 뒤에도 우리 군은 강릉 잠수함 침투사건, 1·2차 연평해전, 천안함 폭침 및 연평도 포격도발 사건, 네 차례의 핵실험과 다섯 차례의 장거리 미사일(로켓) 발사 등 북한의 대형 도발이 있을 때마다 국민의 질타를 받으며 위기를 맞았습니다. 지난 2~3년 사이엔 육군 28사단 윤일병 폭행사망 사건, 방위사업 비리 등으로 국민들에게 실망감을 주며 신뢰를 잃게 됐습니다.

"군이 이렇게 엉망이 된 데는 당신 책임도 큰 것 아니냐"
이런 부끄러움이 이 책을 펴내게 된 동기

지난 2014년 신문사의 한 간부께서 "군이 이렇게 엉망이 된 데는 당신 책임도 큰 것 아니냐"고 농반진반으로 질타를 했을 때 저도 모르게 얼굴이 화끈거렸습니다. 출입기자의 가장 큰 사명은 해당 부처를 감시하고 견제하는 것인데 군에 큰 문제가 있다면 감시와 견제 책임이 있는 저도 자유로울 수 없겠지요.

이 책은 그런 부끄러움에서 출발했습니다. 우리 군과 국방안보 문제의 과거와 현재를 조망하고 미래에 대해 고민해보자는 취지입니다. 제 개인적으로는 앞으로의 25년을 설계하기 위해 지난 25년을 돌이켜보는 중간 점검의 의미가 큽니다. 그 방법으로 그때그때마다 국방 핫이슈와 문제의식을 담았던 칼럼들을 선정해 칼럼집을 내기로 한 것입니다.

우리 군과 국방안보 문제에 대한 고민은 크게 서너 가지로 나눠볼 수 있겠습니다. 우선 현존 최대 군사적 위협인 북한 문제입니다. 현재 북한 도발 위협의 핵심은 핵·미사일 등 이른바 비대칭 위협과 국지도발 가능성입니다. 특히 최근 북한의 4차 핵실험을 계기로 북핵 문제에 대한 근본적인 대책 요구가 높아지고 있습니다. 북한은 3·4차 핵실험을 통해 히로시마에 떨어진 것과 비슷한 핵무기를 안정적으로 만들 수 있는 능력을 과시했습니다. 현재 10~20개의 핵무기를 갖고 있는 것으로 추정되는 북한의 핵무기고는 매년 늘어나고 있습니다.

핵무기를 미사일 탄두로 다는 소형화 문제에 대해 정부와 군 당국은 '상당 수준 진전'이라며 아직도 완성 단계에 도달하지는 않은 것으로 본다는 입장입니다. 하지만 북한이 핵 기폭장치를 개발하는 고폭실험을 1980년대 초반부터 2002년 5월까지 139차례나 실시했고, 핵보유국들은 보통 첫 핵실험에 성공한 뒤 2~7년 뒤 소형화에 성공했습니다. 이런 점들을 감안하면 우리 군은 북한이 이미 미사일 장착 핵탄두 개발에 성공했다는 것을 전제로 작전계획 등 대책을 세워야 할 것입니다.

킬 체인과 KAMD의 한계

북한의 핵탄두 미사일 등 대량살상무기 위협에 대응하는 군의 핵심 대책은 '킬 체인(Kill Chain)'과 'KAMD(한국형 미사일방어)' 체계입니다. 킬 체인은 북한의 이동식 미사일 등 목표물을 탐지해서 타격하는 데까지 30분 내에 완료하겠다는 것입니다. 북한의 공격 징후가 명백할 경우 선제타격도 불사하겠다는 것입니다. 하지만 여기엔 많은 한계가 있습니다. 스커드·노동 등 북한의 탄도미사일 이동식 발사대는 100기 이상으로 추정됩니다. 여기저기 움직이는 이동식 발사대 100기 이상을 모두 실시간으로 추적하는 것은 우리 군은 물론 미군의 역량으로도 불가능합니다. 더구나 북한은 몇 년 전부터 탄도미사일의 액체연료를 개량, 미사일에 주입한 뒤에도 최대 7~8년 발사준비 상태를 유지할 수 있게 됐다고 합니다. 종전에는 발사 직전 액체연료 주입에 1시간 반~3시간가량이 소요돼 한·미 양국군에게 일부나마 사전 탐지할 수 있었던 기회가 있었지만 이제는 이마저 없어졌음을 의미합니다. 지난 2013년 5월 북한이 무수단과 스커드 등 10기 미만의 이동식 발사대를 동해안에서 이동시키며 발사 징후를 보였을 때도 한·미 군당국은 추적에 실패한 경우가 여러 차례 있었다고 합니다. 하물며 전시에 수십 기의 이동식 발사대가 한꺼번에 움직일 경우 완벽한 추적이 불가능하다는 것은 말할 나위 없습니다. 목표물이 제대로 식별되지 않으면 타격이 불가능하다는 것은 불문가지입니다.

KAMD도 문제입니다. 군 당국은 패트리엇 PAC-2·3 미사일로 구성된 하층방어 체계를 우선 구축하고, 이보다 높은 고도 40~50km 범위는 2023년쯤 개발될 국산 장거리 대공미사일(L-SAM)로 커버하겠다는 계획입니다. 패트리엇 PAC-2·3 미사일의 하층방어 체계로는 북 탄도미사일을 제대로 방어하기 어렵다는 것이 전문가들의 대체적인 시각입니다. 북한의 핵미사일 위협이 코앞에 와 있는데 국산 미사일이 개발되기 전까지 8~9년간의 공백은 어떻게 커버하겠다는 것인지요. 주한미군사령관은 사드(THAAD) 배치를 건의했다고 공식적으로 밝혔지만 우리 정부는 중국 입장과 MD(미사일방어) 체계 참여 논란 등을 의식해 신중한 태도를 견지하고 있습니다.

북핵 문제 근본 대책으로 떠오른 북 정권교체와 독자 핵무장

이 때문에 북핵 문제에 대한 근본 대책은 김정은 정권교체나 우리나라의 독자적인 핵무장밖에 없다는 주장이 거세지고 있습니다. 북한 핵시설에 대한 '외과수술식 폭격' 등 군사적인 대응 얘기도 나옵니다. 미국·일본·중국 등 국제사회의 대북 제재를 비롯한 경제·외교적 수단은 북한의 핵개발을 저지하는 데 한계가 많기 때문입니다.

하지만 독자 핵무장의 경우 경제 제재와 외교적 고립 등에 따른 손실이 커 득보다 실이 많을 가능성이 크다는 문제가 있습니다. 외과수술식 폭격도 지하 우라늄 농축시설 등 북한 핵시설이 분산돼 있어 실효성이 의심스럽고 북한의 무력보복에 따른 확전 리스크 등이 부담입니다. 1994년 제네바 합의 이전에 북핵 시설 폭격을 했어야 했다는 목소리가 커지는 이유입니다.

이에 따라 비밀공작 등을 통해 김정은 정권교체를 추진하거나 유사시 '김정은 참수작전'으로 대응, 김정은의 도발의지를 사전에 억제하자는 방안이 대안으로 거론됩니다. 2003년 이라크전 때 미국이 폈던 '후세인 참수작전' 등을 참고할 만한데, 이것이 실현되려면 미군과의 연합작전은 물론 우리 독자적인 정보수집 및 타격, 침투수단 확보를 추진하고 특수전 전력 강화에도 관심을 기울여야 합니다. 우리 군은 아직 이런 능력에 부족한 점이 많습니다. 일본처럼 핵무장을 하지는 않지만 마음만 먹으면 언제든지 핵무장을 할 수 있는 잠재력을 갖는 '핵무장 선택권(Nuclear Option)'도 대안으로 제시됩니다. 핵무장 선택권은 재처리·농축 기술 확보를 통해 핵 잠재력을 갖는 것입니다. 재처리 기술 확보는 사용후핵연료 처리를 위해서도 중요합니다.

25년 전의 핵무장 선택권 전략 특종

저는 약 25년 전《월간조선》91년 10월호 "한국은 핵무장 능력을 가져야 한다"는 기사를 통해 군 일각의 '핵무장 선택권' 전략을 특종 보도, 국내외 전문가들의 많은 관심을 모은 적이 있습니다. 최근 그 기사를 다시 보면서 당시 계획대로 핵무장 선택권 전략이 추진됐더라면 지금 북한의 핵위협에 대해 덜 걱정해도 되지 않았을까 하는 아쉬움이 들었습니다. 핵무장 선택권 전략도 2015년 11월 발효된 개정 한·미 원자력협정의 재개정을 필요로 하고 미국과의 갈등도 예상되지만 즉각적인 핵무장보다는 견제와 저항을 덜 받으며 추진할 수 있다고 봅니다.

또 하나의 큰 고민은 국방개혁 문제입니다. 몇 년 전 박정희 정부 시절부터 이명박 정부 시절까지 역대 정권의 국방개혁에 대해 공부해 세미나에서 주제발표를 한 적이 있습니다. 그때 절실히 느낀 것은 "하늘 아래 새로운 것은 없다"는 것입니다. 정권이 바뀔 때마다 국방개혁 하겠다며 각종 위원회 만들어 개혁방안을 만드는 데 많은 시간을 소모했지만 이미 5~20여 년 전에 제시됐던 방안이 재탕 삼탕되는 경우가 많았습니다. 이제는 새로운 방안을 찾기보다는 선택과 집중을 해야 할 때라는 생각이 듭니다.

'국방개혁 2014~2030'의 문제점들

정부가 추진 중인 국방개혁의 핵심계획인 '국방개혁 2014~2030'
도 다시 생각해볼 부분이 적지 않습니다. 이 계획에 따르면 한국군
은 2018년부터 5년간 10만 명이 줄어 2022년까지 총병력 52만
2,000명으로 감축되는데 이는 매년 2개 사단(2만 명)이 없어진다는
얘기입니다. 노무현 정부 때부터 추진된 국방개혁은 원래 안정적인
국방비 배분에 따른 '선 전력증강, 후 병력감축' 개념하에 만들어졌
습니다. 하지만 과거 이명박 정부는 물론 박근혜 정부에 들어서도
국방비 증가율은 군의 기대치에 크게 못 미치고 있습니다. 국방부는
매년 7% 수준 증액을 희망하지만 지난 5년간 연평균 국방비 증가
율은 4%대에 그쳤습니다. 지금까지 국방비 증가율은 이른바 정권
의 이념성과는 별개라는 것이 역설적인 현실입니다. 역대 정권의 정
부재정 증가율과 국방비 증가율은 김영삼 정부가 14.7%, 8.4%, 김
대중 정부가 9.3%, 4.9%, 노무현 정부가 8.7%, 8,8%, 이명박 정부가
5.8%, 5.2%였습니다. 박근혜 정부 들어서 2016년도 국방비 증가
율은 3.6%로 정부재정 증가율(3%)보다 약간 높았지만 여전히 군의
목표치에는 크게 못 미칩니다.

　이에 따라 전력증강 없이 병력만 줄어들 가능성이 커지면서 적정
수준의 국방비 증액 없는 병력감축을 중단해야 한다는 주장도 나오
고 있습니다. 특히 북한 급변사태가 발생해 북한 내에서 안정화(치
안유지) 작전을 펴야 할 경우 30만~40만 명 이상의 병력이 필요해
대규모 병력감축은 위험부담이 크다는 분석입니다. 미 랜드연구소

의 브루스 베넷 박사는 「북한의 붕괴와 우리의 대비(Preparing for the Possibility of a North Korean Collapse)」라는 보고서를 통해 한국군 병력감축의 위험성을 강력히 경고했습니다. 이 책을 보면서 외국 전문가가 우리나라 통일과정에서 발생할 남북 군사통합 문제에 대해 이렇게 깊이 연구했는데 정작 우리는 무엇을 하고 있는가 하는 생각에 부끄러운 생각이 들었습니다. 문제는 2020년대 들어서면 병역자원이 크게 줄어들기 때문에 병력감축 중단 또한 쉽지 않다는 게 고민거리입니다. 군 전투력과 기강 유지의 근간인 초급간부 문제, 육해공 3군 균형발전과 합동성 강화, 군 진급·인사문제를 둘러싼 출신별 갈등 문제, 장병 처우 등 군의 사기·복지도 우리 군의 큰 숙제입니다.

각종 무기도입과 관련된 방위사업 비리 등 군의 신뢰를 떨어뜨리고 있는 현안들도 시급한 해결과제입니다. 방산업체나 방위사업청 등은 방위사업 비리가 실상보다 부풀려 알려졌고 억울한 점이 많다는 입장이지만 이번 기회에 과감하게 환부를 도려내고 환골탈태해야 한다는 의견이 설득력을 얻고 있는 게 현실입니다.

문민 국방장관 성공의 조건

각종 군내 문제가 불거지면서 문민 국방장관을 통해 군 개혁을 추진해야 한다는 주장도 나옵니다. 김영삼 정부 시절부터 역대 대통령은 거의 모두 문민 국방장관을 임명하고 싶어했지만 실행에 옮기지 못했습니다. 여기엔 여러 이유가 있겠습니다만 북한의 도발위협이 사라지지 않고 있는 상황에서 민간인에게 군을 맡기기는 부담스러웠을 것입니다. 국방업무의 방대함과 작전의 특수성, 군의 배타성 등을 감안하면 지금 시스템하에선 그 어떤 민간인이 와도 성공적으로 군을 장악하고 이끌기 힘들 것입니다. 현실적인 면을 감안하면 우선 군 작전과 관련된 사안은 합참의장에게 상당한 재량권을 주고 국방장관은 인사와 예산, 대외 관계 등에 주력하는 쪽으로 시스템부터 바꿔야 문민 국방장관이 제대로 역할을 하는 여건이 형성될 수 있다고 봅니다.

북한의 페이스에 휘말리지 않고
우리 나름의 비대칭 전략과 전술, 무기체계 발전시켜야

현재 한반도 안보정세는 이런 내부 문제뿐 아니라 중국·일본 등 주변국 변수도 심상치 않습니다. 중국은 미국과 '신형 대국관계'를 내세우면서도 군비증강에 박차를 가하며 패권주의적 행태를 보이고 있고, 일본의 아베 정권도 우경화 행보를 지속하고 있습니다.

이런 현실을 감안하면 이제 인식과 발상을 전환해 보다 근본적인 대책을 고민해봐야 할 때입니다. 우리는 그동안 핵문제를 비롯, 북한의 비대칭 위협이 하나하나 등장할 때마다 수습하는 데 급급해왔습니다. 북한의 페이스에 철저히 휘말리고 끌려왔던 셈입니다. 우리는 자유민주주의 체제이기 때문에 북한과 똑같은 행태를 보일 수는 없지만 이제는 우리도 북한에 비해 강점을 가진 부분을 중심으로 우리 나름의 비대칭 전략과 전술, 무기체계를 발전시켜야 할 때가 됐습니다.

한민구 국방장관이 취임 이후 강조해온 '창조국방'도 그런 맥락에서 추진 중인 것으로 알고 있습니다.

국회 국방개혁특위 발족의 필요성

아울러 몇 년 전에 칼럼을 통해 제안했던 사안이지만 국회 차원의 국방개혁(혁신)특위 발족이 필요하다고 봅니다. 그동안 역대 정권의 국방개혁이 실패했던 데엔 여러 이유가 있겠지만 정권의 성향과 철학, 군 안팎의 역학관계 등에 따라 연속성과 추진력이 결여된 경우가 많았던 것도 큰 영향을 끼쳤을 것입니다. 국회는 이런 제약에서 비교적 자유롭게 국방개혁을 선도할 수 있는 존재입니다. 국방개혁의 주체는 당연히 군이 돼야겠지만 현실적으로 먼저 적극적으로 나서는 데는 한계가 많습니다. 국회는 '국방개혁 펌프'에 마중물을 넣어 펌프질을 시작해 물꼬를 튼 뒤 세부계획 추진은 군이 하도록 하는 방안도 고려할 수 있을 것입니다. 국회 국방개혁특위 구성은 여야 의원은 물론 현역 및 예비역 군 전문가, 민간 전문가, 사회 지도층 인사 등을 망라하는 형태가 바람직할 것입니다. 국방개혁은 군은 물론 범정부, 국민들의 이해와 지원이 없이는 불가능하기 때문입니다. 국방개혁특위가 때로는 군에 채찍질을 하고, 때로는 군을 격려하며 지원하는 역할을 할 수 있을 것입니다.

시간은 북한 편이 아니라 우리 편이라는 분들도 계시지만 현실은 그렇지 않습니다. 북한의 핵능력 등 군사적 위협은 물론 우리 한국군도 여러 면에서 한계상황에 도달하고 있습니다. 지금과 같은 군 시스템과 예산 수준이라면 한국군은 몇 년 내에 신무기 증강은 사실상 불가능해지고 현상유지에만 허덕이는 '내폭 상태'에 빠질 가능성이 높습니다. 정부와 군 수뇌부는 물론 국민들도 위기의식을 가져야 할 때입니다.

《조선일보》 최다 특종상(45회) 기록

만 26년간의 기자생활(2016년 2월)을 맞아 이 책을 펴내면서 지난 시간들을 돌이켜보면 저는 참 운이 좋은 사람이라는 생각이 듭니다. 제가 아무리 군사분야에 대한 전문성과 열정이 있다 하더라도 대부분의 기자들처럼 출입처가 1~2년마다 바뀌었다면 '군사전문기자 유용원'은 없었을 것입니다. 그런 점에서 그동안 국방부를 계속 맡을 수 있도록 배려해주신 조선일보 방상훈 사장님을 비롯한 임원진께 깊은 감사의 말씀을 드리고 싶습니다.

제게 영화 속에 등장하는 날카롭고 유능한 '특종 기자'의 이미지는 없지만 어느덧 회사에서 지금까지 가장 많은 특종(45건)을 기록한 기자가 됐습니다. 여기엔 1993년 12월 2주 넘게 온 나라를 뒤흔들었던 '군수본부 55억 포탄사기사건'을 비롯, 해군 대양해군 건설계획(1996년 5월), 주한미군 기지이전 및 통폐합(2000년 5월), 국제적인 특종이었던 북한 MIG-29 전투기의 미 정찰기 위협비행(2003년 3월), 북한 KN-08 이동식 대륙간탄도미사일 발사차량이 중국에서 수입됐을 가능성이 크다는 점을 밝힌 '중, 북에 미사일 차량 보내

줬나'(2012년 4월) 등이 포함돼 있습니다. 하지만 다른 매체에서 일정 기간 내에 뒤따라 크게 다루지 않으면 특종상을 받기 어려운 시스템으로 인해 '하나회는 육사 20기 이후에도 영관급까지 조직돼 있다'(《월간조선》 1993년 1월호), 전직 군 고위층과 전직 국회의원 등 린다 김 정·관계 커넥션 의혹을 제기한 '린다 김 정·관계 거물과 친분'(1998년 10월) 기사 등은 특종상을 받지 못하기도 했습니다.

기사를 쓰는 '본업' 외에도 앞서 화보집에서 보셨듯이 국내 최대의 군사전문 웹사이트로 '비밀'이라는 별칭을 갖고 있는 '유용원의 군사세계'(http://bemil.chosun.com)를 성공적으로 운용하고, 지난 10년간 오프라인에서 활발한 활동을 벌여온 사단법인 한국국방안보포럼(KODEF)을 꾸려온 것도 큰 보람입니다. 이는 전문기자는 기사 외에도 해당 분야 발전을 위해 진정성을 갖고 '플러스 알파'의 역할을 해야 한다는 제 소신에 따른 것입니다. 이런 '딴짓' 또한 회사 측의 이해와 배려가 없었으면 불가능했을 것입니다.

원자력잠수함 건조 추진 노력할 것

하지만 의욕이 앞서다 보니 사실과 다른 보도를 하거나 의도하지 않았던 결과를 초래한 적도 있습니다. 2004년 1월 우리 군의 원자력추진 잠수함 건조계획을 첫 보도한 '한국, 핵추진 잠수함 개발키로' 기사가 대표적입니다. 당시 3조 원 이상의 돈이 드는 초대형 사업이어서 비밀 추진이 어려워 국회 등에서 공개될 수밖에 없을 것이고 추진동력을 얻기 위해선 공론화가 필요할 것이라는 판단에서 기사를 썼던 것입니다. 하지만 이 기사가 보도된 뒤 해당 사업단이 해체돼 일각에선 제 기사 때문에 원자력잠수함 계획이 백지화됐다며 '매국노'라고 비판하기도 했습니다. 이 기사 취재 전에 미 국무부 초청 연수(3주) 프로그램이 예정돼 있었기 때문에 기사가 나간 직후 예정대로 미국 연수를 다녀왔는데, 이에 대해 제가 가족을 데리고 노무현 정부 시절 내내 미국으로 이민을 가 있다가 이명박 정부 들어 복귀했다는 황당무계한 댓글이 달리기도 했습니다. 사실과 너무나 다르게 명예를 훼손한 부분에 대해 법적인 대응을 검토하기도 했지만 겸허하게 일각의 비판을 수용하면서 묵묵히 노력하면 원자력 추진 잠수함 확보에 대한 제 진정성을 알게 될 것이라는 생각에 보류했습니다. 앞으로도 사실과 다르게 악의적으로 과거 기사를 왜곡 전파하는 사례에 대해선 바로잡는 노력을 하는 한편, 현재는 물론 통일한국의 대표적 전략무기가 될 원자력추진 잠수함 건조를 위해 다양한 노력을 하려 합니다.

통일 과정 군사통합 준비, 건강한 한국군 건설에 노력

앞으로의 25년 설계를 위해 지난 25년을 돌이켜봤다고 말씀드렸는데 향후 25년간 가장 큰 변수는 무엇보다 통일이겠지요. 정치, 경제, 사회, 문화 등 제 분야의 남북 통합 문제가 이슈가 되겠지만 가장 민감하면서도 어려운 부문은 군사 분야가 될 것입니다. 앞으로 기사나 칼럼 외에도 제 사이트와 한국국방안보포럼이 일정 부분 역할을 할 수 있도록 노력할 것입니다. 무엇보다 우리 군이 북한은 물론 주변 강국의 위협으로부터 국민을 보호할 수 있는 강한 전투력을 갖고 각종 비리라는 환부가 없는 '건강한 군'이 될 수 있도록 최선을 다할 생각입니다. 지난해 5월 '20조 전투기사업 이렇게 가면 망한다'는 칼럼을 통해 KF-X(한국형 전투기) 사업의 문제점을 지적한 적이 있습니다만 KF-X 사업의 성공을 위해 감시와 견제 역할을 충실히 하고 우리 방위산업과 항공산업의 발전을 위해서도 노력하겠습니다.

끝으로 부족함이 많은 저를 위해 흔쾌히 추천사를 써주신 우리 군의 전설이자 전쟁영웅이신 백선엽 예비역 대장님, 오랜 '전우'이신 한민구 국방장관님, 추천사에서 과분한 제 좌표를 제시해주신 정두언 국방위원장님께 깊은 감사의 말씀을 드립니다. 아울러 잘 팔리지 않을 책의 발간을 과감하게 결심해주신 도서출판 플래닛미디어 김세영 사장님과 책 발간에 밤잠을 설치신 이보라 씨께도 고마움을 표합니다.

이 책을 한없는 사랑으로 군사전문기자의 길을 성원해주신 부모님, 23년 넘게 기자의 아내로 내조하느라 고생한 아내 지연과 아버지 노릇을 제대로 못했지만 '바른 생활 사나이'로 잘 성장하고 있는 두 아들 현석·현승, 그리고 14년 넘게 저를 성원해주신 5만 5,000여 '비밀' 회원님들께 바칩니다.

2016년 1월 25일
유용원

CONTENTS

● CHAPTER 1

한국군 개혁
어떻게 할 것인가

한국군이 북한군에게 배워야 할 것

북한군이 낙동강 전선까지 밀고 내려갔다가 유엔군과 국군의 반격에 패퇴(敗退)했던 1950년 12월 23일 김일성은 평안북도 만포진 별오리에서 군(軍) 지휘부 등이 참석한 가운데 회의를 열었다. 김일성은 이 회의에서 승세(勝勢)를 굳혀가다가 패배한 원인에 대해 비(非)정규전 부대와 보급의 중요성 등 여덟 가지 교훈을 제시했고 이 교훈은 그 뒤 북한군 군사전략 수립에 큰 영향을 끼쳤다. 이른바 4대 군사노선은 이렇게 해서 만들어진 북한식 군사전략을 상징하는 것이다. 김일성은 1966년엔 "한반도는 산과 하천이 많고 긴 해안선을 가지므로 이러한 지형에 맞는 산악전, 야간전, 배합(配合) 전술을 발전시켜야 한다"고 강조했다.

북한은 1980년대 중반 이후 남한과의 경제적 격차가 커지고 돈이 많이 드는 재래식 무기 증강이 어려워지자 적은 비용으로 큰 효과를 거둘 수 있는 비대칭(非對稱) 전력(戰力)을 발전시키기 시작했다. 핵무기, 생화학무기, 탄도미사일, 수도권을 위협하는 장사정포, 경(輕)

보병부대 등 20만 명에 달하는 세계 최대 규모의 특수부대, 사이버전, 잠수함정 등이 이에 해당된다. GPS 교란이나 최근 문제가 되고 있는 소형 무인항공기도 적은 돈으로 큰 효과를 거둘 수 있는 새로운 비대칭 위협이다.

지난 60여 년간 이런 북한군과 맞서온 한국군은 어떤 자세를 가져왔는가? 전문가들은 우리 군이 철저하게 미군의 전략과 교리(教理), 무기체계에 의존하며 독자적인 전략·전술 개발에 소홀히 해왔다고 지적한다. 미군이 새로운 군사전략과 작전 개념, 전술을 도입하면 우리 실정에 맞는지 따져보지도 않고 그대로 추종하기에 바빴다는 것이다. 북한군 무기체계 기술의 수준을 경시(輕視)하는 태도를 보이면서도 항상 세계 최고 수준의 비싼 신무기 도입을 추진해왔다.

문제는 북한이 이런 '싸구려 무기'로 우리 군을 우롱하고 국민의 안보 불안감을 키우는 데 성공하고 있다는 점이다. 북한의 수십만 원짜리 GPS 교란기는 수백 km 떨어진 GPS 장비를 교란시킬 수 있다. 2012년 12월 북한 은하3호 로켓의 잔해를 서해상에서 수거했을 때 기술적으로는 낙후돼 있는 것으로 평가됐지만 인공위성을 처음으로 궤도에 진입시키는 데 성공했다. 한 전문가는 "이라크전과 아프가니스탄전에서 미군을 가장 괴롭히고 큰 피해를 준 것은 첨단무기가 아니라 원시적인 IED(급조폭발물)라는 점을 유념해야 한다"고 말했다.

이제는 우리도 북한에 대해 나름대로 비대칭 전략을 구사하고 전력도 발전시켜야 한다는 목소리가 커지고 있다. 특히 통일 이후 중국·일본 등 주변 강대국 위협에 대처하기 위해선 돈을 적게 들이면서 주변 강국의 아킬레스건을 건드릴 수 있는 '한국형 비대칭 전략' 수립이 필요하다는 지적이다. 그렇게 하려면 우리 군은 북한의 도발이 있을 때마다 미국 항공모함 전단(戰團) 등 미군 전력만 쳐다보는 자세부터 고쳐야 한다. 정신 자세가 바뀌지 않는다면 새로운 북한의 비대칭 위협에 번번이 뚫리고 군이 질타당하는 일은 반복될 수밖에 없다.

_《조선일보》, 2014년 4월 8일

고차방정식 과제 직면한 군軍

"열심히 해줘서 고맙고 축하합니다."

지난 6일 국방부 청사에서 열린 외교 안보 부처 합동 업무보고에서 박근혜 대통령은 회의장에 입장하면서 김관진 국방장관에게 이렇게 말했다. 박 대통령은 국무조정실이 전날 발표한 정부 부처별 성과 평가 결과 국방부가 외교부·여성가족부 등과 함께 '우수 기관(1등)' 평가를 받은 것을 치하한 것이었다.

국방부가 정부 부처 평가에서 1등을 한 것은 드문 일인 데다 박 대통령이 치하한 사실이 알려지자 직원들은 상당히 고무됐다. 국방부뿐 아니다. 김관진 국방장관도 역대 장관 중 최고 수준의 인기 고공(高空) 행진을 계속하고 있다. '김관진' 이름 석 자가 브랜드가 됐다는 얘기까지 나온다. 여기엔 군이 지난해 북한의 고강도 도발 위협을 성공적으로 억제하고 큰 사건·사고 없이 비교적 무난하게 지난 1년을 보낸 것이 영향을 끼쳤을 것이다. 좋은 평가를 받을 만한 일이다.

　그러면 앞으로도 국방부와 군에 계속 장밋빛 미래가 펼쳐지고 국민적 지지와 성원이 이어질 수 있을 것인가? 북한은 물론 중국·일본 등 주변 강국의 움직임을 보면 고개가 갸웃거려진다. 우리 국민과 군은 앞으로 2~3년 내에 북한이 핵탄두를 장착한 핵미사일을 실전 배치하는 상황을 지켜보게 될 가능성이 높다. 수년 안에 북한 내의 급변 사태로 무력 충돌이 벌어지거나 갑작스러운 통일 상황을 맞이할 수도 있다. 10~20년 안엔 항모 3~4척, 스텔스 전투기 등으로 무장한 중국군과 수직 이착륙기 F-35B를 탑재한 경항모, 장거리 타격 능력을 갖춘 일본 자위대 등을 상대해야 한다.

　우리 군 내부로 시선을 돌려보면 더욱 머리가 아파진다. 국방부는 김대중 정부 이래 정권이 바뀔 때마다 병력 감축안이 포함된 국방 개혁안을 마련해왔다. 최근에 만들어진 계획은 2022년까지 64만 병력을 52만 2,000명으로 줄이겠다는 것이다. 군 관계자들은 이를 먼 미래의 '계획을 위한 계획'쯤으로 여겨왔다. 하지만 이제는 3년쯤 뒤부터 실제로 육군 병력을 매년 1만 명 이상 줄여야 하는 상황이 돼 육군에 비상이 걸렸다.

　문제는 병력 감축에 따른 전력(戰力) 공백을 메우기 위해 각종 무기를 도입해야 하는데 그 예산이 군의 목표치에 크게 못 미치고 있다는 점이다. 국방부는 매년 7% 수준의 국방비 증액률을 기대하지만 5%를 넘기 힘든 게 현실이다. 20조 원이 넘는 사상 최대 무기 도입 사업으로 창조경제의 핵(核)이 될 한국형 전투기(KFX) 사업을 제대로 추진하는 것과 허점이 많은 '킬 체인(Kill Chain)' 등 북핵 대비책 보완도 숙제다.

김관진 장관의 재임이 3년을 넘기면서 군과 장관 간에 피로도가 높아지고 있고, 지난해 가을 인사 때 불거졌던 잡음의 재발을 막는 것도 고민거리다. 이런 국내외 상황을 감안하면 우리 군은 지금 일찍이 접해보지 못한 고차(高次)방정식을 풀어야 하는 상황에 직면해 있는 셈이다. 박근혜 정부 출범 1년을 맞아 박 대통령과 군 수뇌부는 이렇게 예사롭지 않게 돌아가고 있는 군 안팎의 상황을 냉철하게 살펴봐야 할 것이다.

_《조선일보》, 2014년 2월 25일

통일 준비 안 돼 있는 한국군

2010년 2월 육군 UH-60 헬기를 타고 DMZ(비무장지대) 남방한계
선 철책선을 따라서 서쪽 임진강 하류부터 동쪽 금강산까지 비행하
면서 DMZ를 하늘에서 살펴본 적이 있다. DMZ 동서 횡단 헬기 비
행은 6·25전쟁 60주년을 맞아 국방부·육군과 조선일보사가 합의
한 'DMZ 종합기록물 제작사업'에 따라 창군 이래 처음으로 이뤄진
것이었다.

  헬기가 동쪽으로 이동할수록 눈 덮인 산등성이를 타고 군(軍)
의 전술 도로와 철책선 일반전초(GOP), 최전방 경계소초(GP)들
의 모습이 확연히 눈에 들어왔다. 촬영을 위해 헬기 문을 열어놓은
탓에 강풍까지 몰아쳐 체감온도 영하 30도의 강추위에 떨면서도
GOP·GP 등 남북한군의 소초와 도로가 생각보다 많아서 놀랐다.
현재 DMZ 안에 있는 GP는 한국군이 80여 개, 북한군이 280여 개
에 달한다. 철책선에 붙어 있는 GOP는 이보다 훨씬 많다.

남북 대치 상황 때문에 생긴 이런 시설과 이를 지키는 군인들의 노고(勞苦)가 바로 대표적 분단 비용이 아닌가 하는 생각이 들었다. 통일이 되면 군사적 측면에선 이런 비용이 사라질 수 있을 것이다. DMZ 내 GP 중 금강산 앞의 GP 등 몇 곳은 일부 시설만 개조하면 세계적 관광 명소가 될 수 있다. 남북이 통일되면 총병력은 35만~50만 명 수준으로 줄고, 20년간 약 400조 원이 절감될 것이라는 분석도 나온다.

　하지만 이런 결과는 거저 얻어지는 것이 아니고 치밀한 사전 검토와 준비가 필요하다. 특히 장성택 처형 이후 북한 급변 사태와 함께 통일이 3~5년 내에 올 수 있다는 전망도 나온다. 그러나 북한 급변 사태나 통일의 중요한 주체(主體) 중 하나인 우리 군의 준비는 미흡하기 짝이 없다.

　북한군은 우리 군의 약 2배인 병력 119만 명과 전차 4200여 대, 전투기 820여 대, 전투 함정 420여 척 등 많은 무기를 보유하고 있다. 대부분의 북한군 병력과 무기는 통일 이후 해산하거나 폐기 처리돼야 한다. 독일은 동독군이 10만 3,000명에 불과했지만 약 10%인 1만 1,000여 명을 제외하곤 전역 조치됐다. 통일 후 북한군의 90%인 107만여 명이 전역 조치되고 이들에게 별다른 일자리가 제공되지 않는다면 상당한 위협 세력이 될 가능성이 높다. 무기 가운데 핵·미사일 등 대량살상무기는 물론 전차 등 재래식 무기 폐기 문제도 결코 간단치 않은 사안이다. 그러나 현재 우리 군에는 남북 군사 통합 문제에 대해 개념적인 구상만 있을 뿐 실행 가능한 세부 계획은 만들어져 있지 않다고 한다.

통일보다 더 빨리 현실화할 수 있는 북한의 급변 사태 대비책도 마찬가지다. 실제 급변 사태가 발생해서 북한 내에서 치안 유지 등 안정화 작전을 펴야 할 경우 바퀴 달린 차륜형(車輪型) 장갑차가 많이 필요하지만 현재 우리 군엔 실전에서 제대로 쓸 수 있는 것이 거의 없는 실정이다. 우리 군의 본격적인 북한 급변 사태 및 통일 대비에는 3~5년 이상 시간이 필요하다고 한다. 지금 당장 시작해도 늦은 만큼 하루라도 빨리 서둘러야 한다.

_《조선일보》, 2014년 1월 22일

국방개혁, 국회가 나서라

30년 전인 1982년 당시 미국 합참의장 데이비드 C. 존스 대장은 육·해·공 3군의 합동성 강화 및 합참의장 권한 강화를 골자로 하는 국방개혁의 시동을 걸었다. 합동참모본부에 장기간 근무하면서 3군의 협조 문제 등에 대해 개선 필요성을 강하게 느꼈기 때문이었다. 그로부터 4년 뒤 미 의회에선 합참의 권한을 강화하고 각군 본부에 근무하는 장성 숫자를 줄이는 획기적인 국방개혁 법안이 만들어졌다. 이른바 '골드워터·니콜스 법안'이었다. 이 법안은 육·해·공군이 타군(他軍)에 대한 이해를 높일 수 있는 합참에 근무하는 장교들의 진급을 보장하는 등 합동성 강화에 기여해서 1991년 걸프전 승리에 도움이 된 것으로 평가된다.

이처럼 미국 의회가 국방개혁을 주도하고 적극적인 역할을 했던 것과 달리 우리나라의 국방개혁 추진은 국회에 발목이 잡혀 지지부진한 상태다. 지난해부터 청와대와 국방부를 중심으로 군 상부(上部) 지휘구조 개편 등 국방개혁을 추진하면서 관련 법안을 18대 국회에 제출했고, 여야 국방위원의 70% 가까이가 법안에 찬성했지만 정치논리에 의해 처리가 무산되는 이해하기 힘든 상황이 벌어졌다. 국방부는 국방개혁안을 19대 국회에 다시 상정해 현 정부 임기 중 통과를 시도한다지만 비관적인 견해가 많은 상황이다.

우리의 안보 환경은 과연 국회가 이렇게 소극적으로 정부와 군의 방안 제시만 기다리며 손을 놓고 있어도 좋을 만큼 한가로운가? 결코 그렇지 않다는 게 전문가들의 시각이다. 우선 지난해 말 김정은 체제 등장 이후 북한의 행동은 예측하기가 더욱 힘들어져 한반도의 안보 불안정성이 커지고 있다. 지난 4월 장거리 로켓 발사 이후 북한의 가시적인 고강도(高强度) 도발은 없는 상태이지만 북한이 자기 입맛에 맞는 남한 내 정치세력의 집권을 위해 도발 카드를 쓸 것인지 말 것인지, 쓴다면 어떤 도발을 할 것인지 고심하고 있다는 분석은 많다. 19대 국회 회기 중 북한 급변 사태를 맞을 수 있다는 전망도 나온다.

또 3년 6개월 뒤인 2015년 12월엔 전시작전통제권(전작권)이 한국군에 반환되는 중대 안보 변수를 맞게 된다. 당초 한미 안보동맹의 상징인 한미연합사가 해체될 예정이었으나 최근 제임스 서먼 주한미군사령관이 '연합사 존속, 사령관 한국군 임명' 문제를 비공식 타진하는 등 큰 변화의 흐름이 감지되고 있다. 중국의 부상과 이에 대한 미국의 견제가 강화되면서 주변 4대 강국 사이에 끼어 있는 우리나라의 전략적 선택도 더욱 중요해지고 어렵게 된다.

우리 군 내부적으로도 향후 4~5년 내 중대한 고비를 맞게 될 전망이다. 국방비가 급격히 늘어나기 힘든 상황에서 현재의 예산 규모와 운용 시스템, 군 구조와 병력 규모로는 현상 유지에 급급하게 돼 신무기 도입 등 전력 증강이 어려워지는 상황이 초래될 수 있기 때문이다.

이런 상황에서 국회는 정부와 군이 제출하는 법안이나 심사하고 북한 도발이 있을 때마다 군 수뇌부를 불러내 혼내는 것으로 할 일을 다했다고 할 것인가? 중대한 안보 전환기를 맞고 있는 이때 여야 의원들과 민간 전문가, 군 관계자 등이 망라된 국방개혁특위 발족 등 더욱 적극적인 국회의 역할이 필요하다.

_《조선일보》, 2012년 6월 28일

국방개혁과 도전 변수들

지난 2004년 3,600여 명의 자이툰부대가 이라크 아르빌에 파병됐을 때 군 당국이 가장 고심했던 현안 중의 하나가 우리 군에 제대로 된 차륜형(장륜형) 장갑차가 없다는 점이었다. 무한궤도(캐터필러)가 달린 국산 K-200 장갑차는 있었지만 아르빌과 같은 도심지에서의 치안유지 또는 정찰작전에 유용한 바퀴 달린 차륜형 장갑차를 우리 군은 보유하고 있지 않았다.

고육지책(苦肉之策)으로 인도네시아에 경찰용으로 수출됐던 경(輕)장갑차를 개조한 '바라쿠다' 장갑차를 부랴부랴 만들어 배치했다. 바라쿠다는 현재 레바논에 파병된 동명부대에서도 활약하고 있다. 하지만 장갑과 무장이 약해 위험한 시가지 정찰작전을 나갈 때는 다른 파병국 장갑차의 지원을 받는다고 한다.

지금 이라크와 아프가니스탄에서 전쟁을 치르고 있는 미군이 가장 많은 돈을 투자하는 부분 중의 하나가 IED(급조폭발물) 또는 지뢰에 대한 장갑차량 확보다. 반군과 탈레반이 포탄이나 폭탄을 개조해 만든 사제(私製) 폭발물인 IED와 지뢰에 의한 사상자가 속출하고 있기 때문이다. 미군은 이 때문에 지난해에만 110억 달러의 예산을 들여 MRAP(Mine Resistant Ambush Protected)라 불리는 특수 장갑차량 7,700여 대를 추가로 도입했다.

전문가들은 최악의 경우 이 같은 상황이 머지않은 장래에 한반도에서도 벌어질 수 있다고 지적한다. 북한 정권 붕괴 등으로 인한 내전 등 이른바 북한 급변사태 때문에 북한 지역 내에서 우리 군이 안정화(치안유지) 작전을 펴야 할 경우가 생길 수 있다는 것이다. 그럴경우 다수의 병력과 반군의 테러 공격에 대비한 장갑차량 등 각종장비가 필요하게 된다.

지난 1월 미 외교위원회(CFR)가 발간한 '북한 급변사태의 대비'보고서는 "미국 국방과학위원회의 한 연구에 따르면 북한의 경우 총 46만 명의 (치안유지) 병력을 필요로 하는 것으로, 이라크의 미군 병력보다 무려 3배가 많은 것"이라고 지적하고 있다.

지난달 26일 국방부가 발표한 국방개혁 기본계획 수정안은 오는 2020년까지를 상정한 것이다. 노무현 정부 시절인 지난 2005년 만들어진 국방개혁 기본계획에서 미흡했던 북한 핵·미사일·특수부대 등 북한 비대칭 위협 대처 방안 등이 보완됐다.

하지만 앞으로 11년 동안 이 같은 국방개혁에 도전하는 중대 변수가 갑자기 또는 뜻하지 않게 나타날 수 있다는 문제가 있다. 보통 새 무기를 도입하고 훈련 시스템을 구축하는 데는 5~10년 이상의 기간이 필요하다. 북한 김정일 국방위원장의 건강이 좋지 않아 5년을 넘기기 어려울 것이라는 전망이 나오고 있는 상황에서 그 대비를 서두를 필요성이 제기된다. 북한 급변사태 시 중국군의 개입 가능성에도 대비를 해야 할 것이다.

2012년 전시작전통제권(전작권) 전환 및 한미연합사 해체, 중국·일본의 해·공군력 증강 등 주변국의 첨단 군사력 강화 등도 국방개혁에 영향을 끼칠 중대 변수다. 그러나 무엇보다 큰 변수는 통수권자 등 권력 핵심부와 군 수뇌부의 개혁의지, 국민의 이해와 협조가 아닐까. 안보를 소홀히 하는 통수권자가 나타난다면, 군 수뇌부의 뼈를 깎는 개혁의지가 없다면, 국방력 강화를 목표로 하고 있는 국방개혁은 실현되기 어려울 것이다.

예비군 동원훈련 기간을 2박3일에서 4박5일로 늘리기로 한 데 대해 일부 네티즌들이 비판하고 나서 논란이 일고 있는 데서 나타나듯이, 국민들의 지지와 협력이 없어도 마찬가지 상황이 벌어질 것이다. 이러한 도전 변수들을 극복하고 국방개혁이 제대로 이뤄져 향후 10여 년 내에 한국군이 '환골탈태(換骨奪胎)'하기를 기대해본다.

_《조선일보》, 2009년 7월 2일

20년 헛바퀴, 국방개혁

"군 구조는 단일군제(軍制) 또는 이에 가까운 통합군제가 타당하다. 범군(汎軍)적 공감을 얻기 위해 해군과 공군의 입장을 강화하고 해병대에도 참여 기회를 부여하라." 1988년 8월 18일 노태우 전 대통령이 주한미군 감축·철수에 대비한 국방개혁안 마련을 지시하면서 한 말이다.

노 전 대통령이 지시한 날짜를 따 '8·18계획'으로 명명된 6공화국의 국방개혁 추진은 이렇게 시작됐다. 당시 '8·18 연구위원회'는 육·해·공군 참모총장을 통합한 '국방참모총장제' 등을 추진했으나 해·공군의 반발과 야당의 반대로 현재의 합참의장제로 바뀌었다.

그 뒤 김영삼·김대중·노무현, 그리고 현재의 이명박 정부에 이르기까지 정권이 바뀔 때마다 국방개혁은 단골 이슈로 등장했고 비슷한 해결 방안들이 제시됐다. 올 들어 천안함 사태 이후 합동군사령부 창설 등 같은 맥락의 국방개혁안이 다시 등장했다. 천안함 사태

8개월 만에 연평도 포격 사건이라는 기습을 다시 당하자 국방개혁에 대한 요구가 다시 거세지고 있다.

그러면 왜 20년이 넘도록 국방개혁이 제대로 실천이 안 되고 같은 이슈가 반복되고 있는 것일까? 전문가들은 어느 나라든 국방개혁이 실현되려면 일정 기간 안정적인 예산확보, 상층부 경량화에 따라 조기 전역하는 직업군인에 대한 일자리 마련, 군내 공감대 확보 등이 꼭 필요한데 이것이 안 됐기 때문이라고 말한다. 또 우리 군은 6·25전쟁 이후 한 번도 주도적으로 전쟁을 치러본 적이 없어 직업군인들이 일반 공무원처럼 관료화했고 미군 등 선진국 군과 같은 전문 직업군인 의식이 없다시피 한 것도 문제로 꼽힌다.

전문가들은 국방개혁은 기본적으로 군에 맡겨야 하지만 범정부, 그리고 사회적으로도 국방개혁을 독려하고 지원할 준비가 돼 있어야 한다고 강조한다. 독일의 경우 1990년대 후반 바이츠제커 전 대통령을 위원장으로 정치·경제·사회·종교·언론 등 각계각층의 지도층 인사로 국방개혁특별위를 구성, 각계 의견을 수렴해 국방개혁 법안을 만들었다.

미국은 의회가 주도적으로 만든 '골드워터-니콜스 법안'(1986년)이 미 국방개혁의 근간이 됐다. 반면 우리 국회는 개개 사안에 대해서만 관심을 가질 뿐 국방개혁을 체계적으로 이끌고 지원하려는 움직임은 아직 보이지 않고 있다.

이제 군 운영유지를 효율화해 비용을 줄이지 않고는 전력 증강이 어려운 실정이다. 국방경영의 효율화가 바로 전력 증강으로 직결된다. 대기업에서 능력을 검증받은 CEO가 군에서 적절한 직책을 갖고 낭비 구조를 수술하는 것도 필요할 것이다.

올 들어서만 노골적인 북한 공격을 두 차례나 받으면서 이제 국방개혁은 늦출 수 없는 과제가 됐다. 마침 대통령 직속 국방선진화추진위원회는 6일 이명박 대통령에게 국방개혁 71개 과제를 보고했다. 군은 물론 정부, 우리 사회 모두가 이번에 실패하면 함께 망한다는 자세로 국방개혁을 이끌고 군을 도왔으면 한다.

_《조선일보》, 2010년 12월 7일

국방개혁 성공의 전제조건

"금년도 국방비 증가율이 9.9%인데 10년간 여기에 1~2%포인트 정도만 더 증액하면 국방개혁이 실현될 수 있습니다."

최근 국방개혁안을 공식 발표한 국방부 관계자들이 예산 확보 문제가 제기될 때마다 강조하는 말이다. 윤광웅(尹光雄) 국방장관도 지난 13일 기자회견에서 낙관론을 폈다.

오는 2020년까지 현재 68만여 명인 군(軍) 병력을 50만여 명으로 줄이는 것 등을 골자로 하는 국방개혁안이 실현되려면 전력(戰力) 투자비만 289조 원, 경상운영비까지 포함하면 683조 원가량 든다는 것이 국방부의 대략적인 추산이다. 대규모 병력 감축에 따른 전력 공백을 메우기 위한 첨단무기 구입으로 일정 기간 상당 수준의 국방예산 증액이 불가피하다는 것이다.

그러나 군 병력과 조직은 줄어드는데 적어도 앞으로 10년간은 국방비 증액률이 오히려 더 높아져야 한다는 것을 곧바로 수긍할 국민이 과연 얼마나 될까? 보통 시민이라면 "병력은 줄어드는데 왜 국방비가 크게 늘어야 하는가?"라는 의문을 갖게 될 것이다.

현 정부가 국방개혁의 모델로 삼고 있는 프랑스의 경우만 봐도 국방개혁에 있어 국방비 확보가 얼마나 어렵고 중요한 사안인지를 잘 알 수 있다. 프랑스는 1995년 이후 20년간에 걸친 3단계 국방개혁안을 만들어 추진 중이다. 그동안 징병제에서 모병제(직업군인제)로 바뀌어 모병제에 따른 인건비 증가로 첨단무기 확보에 큰 어려움을 겪고 있다. 예산 부족으로 헬기 전력의 절반, 공군 전력의 40%, 해군 전력의 절반을 제대로 운용하지 못하고 있고, 프랑스군 당국은 신형 호위함 건조를 은행 대출을 받아서 하는 방안까지 검토했던 것으로 알려졌다.

프랑스와 함께 유럽의 대표적인 국방개혁 모델 케이스로 꼽히는 독일·영국도 국방비 확보에 어려움을 겪어 개혁에 차질이 빚어지기는 마찬가지다. 국방비 증액에 부정적인 국민 여론이 반영된 결과다. 2002년 여론조사 결과 독일에선 국방비 증액엔 14%, 국방비 삭감엔 45%가, 영국에선 증액엔 21%, 삭감엔 25%가 각각 찬성 의견을 밝혔다. 더구나 이들 유럽국가는 냉전 종식 뒤 국방개혁을 추진했기 때문에, 북한과 대치하고 있는 상황에서 국방개혁을 진행 중인 우리나라와는 안보 환경 면에서 큰 차이가 있다. 국방개혁을 신중히, 국민적인 공감대를 만들어가며 추진해야 하는 이유가 여기에 있다.

윤 장관을 비롯한 군 수뇌부는 이제 과거 정부와 다른 나라의 국방개혁 성공·실패 사례를 다시 한 번 꼼꼼히 살펴봐야 할 것이다. 지난 1998년 김대중(金大中) 정부 출범 직후 국방부는 1·3군 사령부 통합 등 획기적인 국방개혁안을 발표했으나 결국 유야무야됐다. 이번 국방개혁도 국방비 문제 등에 대한 국민적 공감대가 형성되지 않으면 또다시 '공약(空約)'이 될 가능성이 높다. 22일 열린 국회 국방위 국정감사에서 상당수 여야 의원들이 이구동성(異口同聲)으로 국방비 등 국방개혁의 문제점을 지적한 것은 앞으로 국방개혁이 군 수뇌부의 기대만큼 순항(順航)하기 어려울 것임을 예고하고 있다.

국방개혁안에 대한 국민적 공감대를 형성하기 위해서는 현역 및 예비역은 물론 민간인 군사전문가, 예산부처 등 정부 당국자, 국회, 시민단체, 언론 등 각계 전문가와 원로들이 망라된 범정부·범국가적인 '국방개혁추진위원회'를 발족하는 것도 한 방안이 될 수 있다는 생각이다.

_《조선일보》, 2005년 9월 23일

좌파 정권과 우파 정권의 국방비

"국가 안보를 생각하는 대통령이 아니라 돈 씀씀이만 꼼꼼하게 따지는 CEO의 모습이어서 충격을 받았다."

이명박 정부 시절 무기 도입 관련 청와대 회의에 참석했던 한 장성은 최근 당시 얘기를 털어놓으며 한숨을 내쉬었다. 그는 미국의 장거리 전략 무인정찰기인 '글로벌 호크' 도입에 대한 청와대 보고에 배석했다가 몇몇 무기체계에 대해 이 전(前) 대통령이 "그건 유사시 미군이 다 지원해줄 텐데 뭐하러 우리가 돈 들여 사느냐"는 취지로 군 고위 관계자들을 힐난하는 모습에 깜짝 놀랐다고 한다.

MB 정부 5년간 연평균 국방예산 증액률은 5.3%였다. 이는 노무현 정부 5년간 8.8%에도 크게 못 미친 것이었다. 그래서 MB 정부는 '무늬만 보수'라는 비판을 받았다.

박근혜 정부는 MB 정부 때보다는 국방예산을 배려할 것이라는 기대를 모았다. 실제로 지난 7월 국방부는 '2014~18년 국방 중기

계획'을 청와대에 보고하면서 "국방예산을 5년간 7.1% 증액해야 한다"고 밝혔고, 박 대통령도 이를 재가했다.

박 대통령은 지난 10월 1일 국군의 날 행사 때는 "'킬 체인(Kill Chain)'과 한국형 미사일방어(KAMD)체제 등 핵과 대량살상무기 대응 능력을 조기에 확보, 북한 정권이 집착하는 핵과 미사일이 쓸모 없다는 것을 스스로 인식하도록 할 것"이라고 강조했다. 킬 체인과 KAMD는 당초 총 15조 원 이상의 돈을 들여 2020년대 초반까지 구축할 계획이었다. 박 대통령의 이날 기념사는 당초 계획보다 더 많은 돈을 조기에 투자하겠다는 의미로 받아들여졌다.

하지만 이런 기대는 며칠 뒤 깨져버렸다. 이달 초 정부가 국회에 제출한 내년도 예산안에서 킬 체인과 KAMD 관련 21개 사업에 1조 1,191억 원을 책정, 국방부 요구 예산 1조 2,366억 원보다 1,175억 원 감액된 것으로 나타났다. 내년도 전체 국방예산은 35조 8,001억 원으로 국방부 요구 예산 대비 2.9% 감액된 것에 비해 킬 체인과 KAMD 관련 예산은 9.5%나 삭감됐다.

일각에선 북한의 도발을 억제할 수 있는 가장 강력한 무기는 한미 연합사인 만큼 오는 2015년 12월로 예정됐던 전작권 재연기를 통해 우리 국방비를 많이 늘리지 않고도 도발 억제 효과를 거둘 수 있다고 주장한다. 상당 부분 맞는 얘기다. 그러나 공짜는 없다. 미국은 우리가 세계 10위권의 경제 대국에 걸맞은 안보 비용을 지불하기를 요구하는 것으로 알려졌다. 여당에서조차 현 정부의 국방비 책정에 대한 비판이 나오고 있다.

한때 친박 핵심이었던 유승민 국회 국방위원장(새누리당)은 지난 11일 합참의장 후보자 인사 청문회에서 "진보 정권, 좌파 정권이라고 비난받던 노무현 정권은 자주국방을 위해 8.8%씩 국방예산을 증가시켰는데, 이명박·박근혜 정권에선 연평균 5.3%, 4.1% 증가에 불과하다"며 "이는 국가 안보를 생각하는 보수 정권이 할 일이 아니다"라고 직격탄을 날렸다.

튼튼한 국방은 장병 월급 인상이나 전작권 재연기만으로 확보되지 않는다. 지난 5년에 이어 '국방비는 오히려 우파 정권이 좌파 정권보다 인색하다'는 인식이 더 확산되지 않을까 우려된다.

_《조선일보》, 2013년 10월 29일

핵심 비켜간 국방개혁 수정안

"국방개혁 실현을 위한 막대한 예산은 어떻게 확보하겠다는 것인가." "예산 문제가 빠진 국방개혁안 공청회는 공허한 토론 아닌가."

지난 24일 오후 국방부 산하 싱크탱크인 한국국방연구원에서 열린 '2008 국방개혁 공청회' 장(場). 민간 전문가들과 현역·예비역 장성 등 200여 명이 참석한 가운데 열린 공청회장에서 토론자 사이에 가장 많이 제기된 것은 예산문제였다.

국방부는 이날 노무현 정부 시절 만들어진 '국방개혁 2020'을 수정·보완한 '국방개혁기본계획 조정안'을 처음으로 공개했다. '국방개혁 2020'은 첨단무기를 도입해 전력을 증강하는 대신, 우리 군 병력을 종전 68만 명에서 2020년까지 50만 명 수준으로 줄이겠다는 것이었다. 우리 군의 몸집을 줄이고 체질까지 선진국형 군대로 바꾸겠다는 야심찬 계획이었다.

그러나 문제는 개혁안에 소요되는 621조 원의 막대한 국방비를 어떻게 조달할 것인가에 대한 현실적 검토가 생략됐다는 것이다. 621조 원은 2011년까지 국방비가 매년 9.9%씩 증액되고 2020년까지 매년 4.6~4.8%의 실질경제 성장률이 실현된다는 매우 낙관적인 가정 아래 나온 액수였다.

이명박 정부 출범 이후 국방부는 안보환경 변화에 따라 '국방개혁 2020'의 전면 재검토에 들어갔다. 북한 핵실험 실시에 따른 북한 핵보유 확인, 전시작전통제권(전작권)의 2012년 한국군 전환 등 새로운 안보 변수와 달라진 예산 확보 여건 등을 감안한 것이었다. 여러 달에 걸친 그 작업 결과가 이날 '조정안'이란 이름으로 처음 공개된 것이다.

발표된 조정안은 그러나 병력감축 및 부대구조 개편 속도를 늦출 수 있다는 것, 육군 수도방위사령부를 지역 군단으로 개편한다는 것 등 외에는 노무현 정부 시절의 '국방개혁 2020'과 크게 달라진 것이 없다는 평가가 많은 듯하다. 특히 계획에 결정적인 영향을 끼칠 예산 부문이 아예 빠져 있다는 것이 가장 큰 한계로 지적된다.

국방부는 더구나 이날 '선(先)전력화 후(後)부대개편' 원칙을 밝혔다. 예산지원이 이뤄져 첨단무기 등을 도입해 전력공백 우려가 없어진 뒤에야 부대구조를 바꾸고 병력을 줄이겠다는 얘기다. 그럼에도 불구, 국방부는 조정안에서 과거 '국방개혁 2020'처럼 병력을 2020년까지 50만 명 수준으로 줄이겠다는 입장도 밝혔다. 2020년까지 국방부가 기대한 수준의 예산확보가 안 되면 어떻게 하겠다는 것인지 알 수가 없는 설명이다.

'국방개혁 2020'은 벌써 지난 2년간 당초 목표액보다 1조 7,000억 원의 예산이 부족하게 됐고, 경제성장률도 세계적인 경제악화로 당초 '국방개혁 2020'안이 상정한 것보다 크게 낮아질 가능성이 높아졌다. 621조 원이라는 막대한 예산의 확보는 사실상 불가능해졌다는 게 많은 전문가들의 예상이다.

핵심사항인 예산부문이 빠진 데 대해 국방부 관계자들은 "국방부 단독으로 결정할 수 있는 사안이 아니고 관련 부처와의 협의가 끝나지 않아 어쩔 수 없었다"고 말한다. 이런 국방부의 고민을 이해하지 못할 바는 아니다. 하지만 그런 상황이었다면 예산문제에 대해 정부 관련 부처와의 협의를 끝내고 예산부문을 포함한 조정안을 만든 뒤 공청회를 열고 안(案)을 제시했어야 하지 않을까.

이날 공청회에 참석한 국방부 관계자는 "국방개혁의 추진에는 국민적 지지와 이해가 필수적"이라고 강조했다. 그러나 공청회가 이뤄진 과정 등을 지켜보면서 과연 국민적 이해를 얻을 수 있을지 걱정이 앞선다.

_《조선일보》, 2008년 11월 26일

국방비 싸움, 누가 틀렸나

이른바 문민정부 첫해였던 1993년 김영삼 대통령은 예상을 뒤엎고 국방차관에 정통 재무관료 출신인 이수휴 씨를 임명했다. 국방차관은 종전에는 주로 예비역 소장 등 군 출신이 임명되던 자리였다. 이 차관이 93년 말 조달본부 포탄사기 사건에 의한 군 수뇌부 사퇴에 따라 물러나자 김 대통령은 다시 민간인 국방대학교 교수를 차관으로 임명했다.

그 뒤 노무현 대통령은 역시 경제부처 출신인 김영룡 씨를 국방예산을 총괄하는 기획관리실장으로 보냈다가 차관으로 발탁했다. 국방차관의 비(非)군 출신 발탁은 이명박 정부에도 이어져 올 들어 경제관료 출신인 장수만 차관이 임명됐다.

왜 역대 대통령들은 이처럼 이른바 문민 국방 장·차관에 강한 집착을 가져온 것일까? 여러 이유가 있겠으나 우리 군이 엄청난 국방비를 쓰고 있으나 비리나 비효율적인 부분이 적지 않아 대대적인 개혁이 필요하다는 인식이 한 요인이 되고 있는 것 같다. 금년도 국방예산은 28조 5,326억 원으로 정부 재정의 15%가량을 차지하고 있다.

여기엔 김영삼 정부 이후 종종 터져나온 무기도입 또는 군수조달 관련 비리 사건 등이 영향을 끼쳤을 것이다. 또 세종대왕함과 같은 이지스함이 한 척당 1조 원, 공군 최신예 F-15 전투기가 한 대에 1,000억 원, 세계정상급 차기 전차 XK-2 '흑표'가 한 대에 80여 억원 씩이나 하니, 이렇게 엄청나게 비싼 무기를 몇 대만 덜 사도 사회복지나 교육 사업에 유용하게 쓸 수 있을 것이라는 인식을 가질 수도 있을 것이다.

현 정부 권력 핵심부에선 무기도입 리베이트가 20%에 달해 이것만 개선해도 상당한 국방비 절감을 할 수 있을 것으로 보고 있다는 얘기도 들린다. 그러나 실제 무기도입 커미션은 대형 사업이 계약액의 1% 미만, 중소 규모 사업이 1~5%가 관행이기 때문에 이런 인식은 매우 비현실적인 것이다. 하지만 무기도입에 대한 강한 불신과 선입견 때문에 우리 사회 일각에선 이를 그럴듯하게 받아들이는 것같다.

최근 이상희 국방장관의 국방예산 삭감반대 서한 파문으로 국방장·차관 간의 갈등이 노출되고 현 정부의 안보관(觀)까지 논란이 되고 있다. 급기야 국무총리가 지난 27일 국방장관을 불러 "장관 서한으로 정부가 마치 안보를 소홀히 하는 것처럼 비치게 한 것은 매우 부적절한 처사였다"고 질책까지 했다.

하지만 제2롯데월드 허용 등 그동안 현 정부가 보인 행태 때문에 현 정부가 오히려 과거 정부에 비해 안보를 경시하는 것 아니냐는 주장이 군 안팎에서 비교적 설득력 있게 퍼져나가고 있다. 이 장관도 기획재정부장관 등에게 보낸 서한에서 "흔히들 진보·좌파 정부라 불리는 지난 정부에서도 평균 8.9%의 국방비 증가를 보장한 바 있는데 자칫 과거 정부에 비해 현 정부가 국방을 등한시한다는 인식을 국민에게 심어줄 우려가 있다"고 언급했다.

한 가지 분명한 것은 안보를 경시(輕視)하는 것과 국방비의 효율적 편성 및 집행을 추진하는 것은 다른 차원의 문제라는 점이다. 국방비 절감 등 국방개혁이 안보 경시로 무조건 매도돼선 안 될 것이다. 이 대통령의 생각처럼 지금도 군에는 국방비나 조직 운용에 있어 개선할 여지가 많은 게 사실이다. 값싼 상용(商用) 제품을 써도 되는데도 튼튼하고 비싼 군 전용 제품을 고집하거나, 육·해·공 3군 간 갈등 때문에 통폐합되지 않고 있는 일부 유사 중복 기관들이 그런 예다. 부디 정부와 군이 이번 사태에 지혜롭게 대처해 통수권자와 군 사이에 신뢰가 회복되고 굳어지는 전화위복의 계기가 되길 바란다.

_《조선일보》, 2009년 8월 31일

위기 맞은 프랑스군이 주는 교훈

"최신예 전차의 41%만 가동, 링스 헬기의 37%만이 비행 가능한 상태…."

최근 프랑스의 한 언론이 군 기밀문건을 인용해 보도한 프랑스군의 충격적인 실태다. 프랑스 일간지 ≪르 파리지앵≫은 르클레르 전차 346대 가운데 142대만이 작동 가능한 상태에 있으며, 퓨마 헬기의 절반 이하만이 비행 가능한 것으로 드러났다고 보도했다. 르클레르 전차는 미국 M1A1 전차, 독일 레오파드2 전차 등과 함께 세계에서 가장 우수한 전차 중의 하나로 꼽혔던 장비다.

프랑스는 원자력 추진 항공모함과 탄도미사일 탑재 원자력 추진 잠수함까지 보유한 유럽의 군사강국이다. 그러나 최근 ≪르 파리지앵≫과 영국 일간 ≪텔레그래프≫지 인터넷판의 보도를 보면 프랑스군은 군사강국으로서의 면모를 찾아보기 힘든 지경인 것으로 나타나고 있다. 지난 4월 소말리아 해적에 납치된 프랑스 호화 요트를 프랑스 특수부대가 구출, 찬사를 받았으나 실상은 구출작전이 실패할 수도 있었던 위기의 연속이었다는 것이다. 특수부대원을 태웠던 호위함 2척이 엔진 고장을 일으켰고, 해적을 뒤쫓던 '애틀란틱2' 해상초계기는 엔진 고장으로 예멘에 비상착륙을 해야 했다.

이러한 폭로는 17일 있을 사르코지 대통령의 국방백서 발표를 앞두고 이뤄진 것이다. 사르코지 대통령은 국방백서 발표와 함께 군 개혁 방안으로 군병력 및 전투기 감축, 일부 군사기지 폐쇄 방침 등을 피력할 수도 있다고 언론들은 전했다.

프랑스군의 딱한 현실은 몇 년 전에도 알려져 화제가 된 적이 있다. 지난 2002년엔 예산부족으로 프랑스군 헬기 전력의 50%, 공군 전력의 40%, 해군 전력의 50%를 운용하지 못해 더 이상 선진국 군대로 불리기 어렵게 됐다는 평가까지 나왔다. 17척의 신형 함정 건조 예산 확보가 어려워지자 프랑스 국방부는 한때 민간은행에서 20년간 장기 대출을 받아 군함을 건조하는 방안까지 검토했었다.

프랑스군이 어쩌다 이렇게까지 됐을까? 전문가들은 프랑스가 의욕적으로 추진해온 국방개혁의 문제점들을 그 원인으로 지목하는 경우가 많다.

프랑스는 1997년부터 2015년까지 3단계로 국방개혁을 추진해왔다. 1단계(1997~2002년)에선 우선 병력을 줄이고 징병제 대신 지원병제(모병제)를 도입하는 조치를 취했다. 그러나 신형 무기를 도입하기 위한 국방예산 증액이 제대로 이뤄지지 않아 신형 무기 도입은 물론 기존 무기를 제대로 유지하는 데도 어려움을 겪게 된 것이다. 단기간 내에 무리한 병력감축(50만→35만 명)으로 보병 전투력이 크게 손실됐고, 모병제 도입에 따른 인건비 증가로 전력증강이 더 어려워졌다. '선(先) 병력감축, 후(後) 전력증강' 방식이 난관에 봉착한 것이다.

문제는 이런 프랑스식 국방개혁으로부터 우리 군도 자유롭지 못하다는 점이다. 노무현 정부 시절 만들어진 우리 군의 국방개혁 계획인 '국방개혁 2020'은 프랑스를 모델로 한 것이었다. 국방개혁 2020은 오는 2020년까지 병력을 68만 명에서 50만 명으로 줄이는 대신, 총 621조 원의 국방비를 투자해 첨단무기체계 중심의 선진국형 군대로 만들겠다는 것이다.

국방부에선 프랑스를 무조건 모방한 것이 아니라 우리 사정에 맞게 바꾼 것이라고 강조하고 있다. 하지만 우리가 프랑스의 전철을 밟을 부분은 없는지 다시 한 번 꼼꼼히 살펴봐야 할 것이다.

_《조선일보》, 2008년 6월 12일

독일식 국방개혁

최근 국방부에선 프랑스식 국방개혁이 화제다. 노무현(盧武鉉) 대통령이 지난해 12월 국무회의 석상에서 윤광웅(尹光雄) 국방장관에게 프랑스식 국방개혁 방안을 파악해 신년에 보고하라고 지시했기 때문이다.

노 대통령 지시는 지난해 12월 초 프랑스 방문 때 그곳 국방장관으로부터 국방개혁에 대한 얘기를 들은 것이 계기가 된 것으로 알려졌다. 프랑스는 지난 96년 군과 정부 관료, 민간 전문가로 이뤄진 전략위원회가 군 개혁의 토대가 된 군사계획법을 만들었다고 한다. 프랑스 국방개혁의 특징은 국민적 공감대 아래 군 개혁 계획을 수립해 실행에 옮긴 점이다.

냉전 종식과 전쟁 양상 및 국제 안보환경 변화 등으로 국방개혁은 전 세계 모든 군(軍)에 공통의 과제가 되고 있다. 우리나라도 10여 년 전부터 국방개혁이라는 이름 아래 여러 계획을 검토하거나 시도

해왔다. 김대중(金大中) 정부 시절엔 1·3군 군사령부 통폐합 등 군 구조에 손을 대는 대대적인 개혁안을 마련해 발표했으나, 안보 공백 우려 등 반발에 부딪혀 대부분 유야무야됐다. 현 정부 들어선 2008년까지 4만여 명을 감축하는 계획을 마련해 지난해 9,000여 명을 실제로 줄였다. 하지만 이는 군의 뼈대에는 손대지 않고 병사 위주로 줄이는 것이어서 '군살빼기'이지 본격적인 개혁으로 보기는 어렵다는 지적이다.

이에 대해 일부 민간 전문가와 예비역 장성 등 군 출신들은 한국 군의 개혁이 더 이상 늦추기 힘든 상황에 왔다고 말한다. 인건비가 국방비의 40% 이상을 차지하고 있어, 국방비의 획기적 증액이 실현되기 힘든 상황에서 첨단 과학군으로 변신하기 위한 전력(戰力) 증강에 많은 돈을 투자하기 어렵다는 것이다.

그렇다면 한국군의 국방개혁은 어떤 식으로 추진돼야 할까? 몇몇 모델 케이스를 선정, 심층 분석한 뒤 남북한 대치상황과 북핵위기 등 특수상황을 감안해 우리 실정에 맞게 업그레이드한 뒤 적용하는 것이 바람직할 것이다. 그런 모델 케이스로 프랑스 외에 독일이 우리의 훌륭한 연구사례가 될 수 있다고 지적하는 전문가가 적지 않다.

독일군은 통일 이후 군사혁신(RMA)을 위해 1999년 바이츠제커 전 대통령을 위원장으로 정치·경제·사회·군사·학계 등 각 분야 원로 및 전문가 20여 명으로 특별위원회를 구성했다. 독일군은 국방장관이 예하부대를 돌아다니며 10여 차례의 워크숍을 개최, 사병·

초급장교에 이르기까지 밑바닥 군심(軍心)을 파악한 뒤 독자적인 개선안을 마련했다. 합동참모본부도 자체 개혁안을 제시했다. 독일은 이처럼 세 가지 안(案)을 종합해 개혁안을 완성한 뒤 비교적 순조롭게 이를 추진 중인 것으로 알려졌다.

　독일·프랑스 등 국방개혁에 성공한 국가들의 공통점은 국방개혁을 군에만 맡겨놓지 않았다는 점이다. 국방개혁이 제대로 이뤄지려면 정부 차원의 예산 지원과 퇴직한 직업군인들에 대한 경제적 보상 및 취업 지원이 필요하기 때문이다. 국방개혁은 병력감축을 초래하지만, 이에 따른 전력 손실을 보강하기 위한 첨단무기 구입 때문에 국방비는 오히려 일정 기간 늘어날 수밖에 없다. 이런 맥락에서 현역 및 예비역, 민간인 군사 전문가, 정부 당국자, 국회, 시민단체, 언론 등 각계 전문가들이 망라되고 전직 국무총리급이 위원장이 되는 '국방개혁특별위원회'(가칭)의 구성을 제안해본다.

_《조선일보》, 2005년 1월 20일

박 당선인의 국방 과제들

"보수가 아니라 진보 쪽이 당선되더라도 지금보다는 나을 겁니다."

대선을 며칠 앞두고 몇몇 방위산업체 간부들을 만났을 때 들은 얘기다. 한 관계자는 "현 정부는 방위산업을 신(新)성장동력의 하나로 선정해 적극 육성하겠다고 해놓고 실제로는 방위산업 전체를 비리 집단으로 매도하면서 5년 내내 괴롭혔다"고 했다. 10년 만에 등장한 보수 정권인 데다 CEO 출신 대통령이 집권해 큰 기대를 했지만 결과는 이른바 좌파 정권 때보다도 못했다는 주장들이다.

사실을 따져보면 이들의 주장을 액면 그대로 받아들이기 힘든 부분도 있다. 각종 수사 결과로 원가(原價) 부정 등 비리와 부조리가 드러났고, 방산 수출 지원에 이명박 대통령까지 직접 나서 T-50 인도네시아 수출 등 가시적인 성과가 적지 않았기 때문이다. 우리 탄도미사일 개발의 큰 족쇄였던 한·미 미사일 지침을 대폭 개정했고, 보수층의 우려를 반영해 전시작전통제권(전작권) 이양 시기를 2012

년 4월에서 2015년 12월로 늦춘 것도 현 정부의 성과들이다. 무엇보다 북한에 대해 더 이상 무조건 퍼주기는 없다는 인식을 심어준 것은 높은 평가를 받는 듯하다.

하지만 군이나 군 주변에 있는 사람들의 불만과 우려는 방산 분야에 국한되지 않는다. 이명박 정부 5년간 연평균 국방비 증가율은 5.4%로, 노무현 정부 연평균 증가율 8.8%에 비해 크게 낮은 수준이었다. 정부 관계자는 "총예산 증가율 자체가 노 정부 때보다 낮아졌기 때문이고 국방예산은 많이 배려했다"고 말하지만 주요 무기 도입 사업들이 연기되는 경우가 많았다. 천안함 폭침 사건과 연평도 포격 등 북한의 고강도 도발 때 청와대와 군(軍) 수뇌부 간 소통에 문제가 생기고 '말로만 강력 대응'하는 사태가 벌어졌다. 현 정부에서 군 수뇌부에 있었던 한 인사는 "'무늬만 보수인 정권'이라는 비판을 반박할 논리가 궁색할 경우가 있다"고 했다.

박근혜 대통령 당선인은 2개월 뒤 국군 통수권자로서 이명박 정부의 공과(功過)를 고스란히 물려받을 수밖에 없다. 여기에다 새 정부 길들이기 또는 떠보기 차원의 북한 추가 도발 가능성, 일본 극우 정권 등장 등에 따른 주변국과의 분쟁 가능성 등 추가적인 과제를 안게 될 가능성도 있다. 한미연합사를 대체할 새로운 지휘기구 결정 등 전작권 전환 대비, 역대 정권이 사실상 모두 실패했던 국방개혁 추진, 직업군인들의 사기 앙양책 등도 서둘러야 한다.

일각에선 이번 대선 운동 기간 동안 새누리당과 박 당선인이 보인 태도와 관련해 우려하는 얘기도 나온다. 새누리당은 국방분야 공약 세부안 발표를 민주당보다 늦게 했다. 박 당선인은 대선 하루 전날 군 간부 보강 등 여건이 조성되면 군 복무기간을 21개월에서 18개월로 단축하겠다는 공약을 밝혔다. 젊은 층의 표심(票心)을 잡기 위한 고육지책(苦肉之策)이었겠지만 씁쓸함을 지울 수 없다는 보수층의 지적이 많다. 국방을 중시하겠다는 박 당선인의 말보다 실천이 더욱 중요해지는 때다.

_《조선일보》, 2012년 12월 24일

대선후보들 안보^{安保} 고민하고 있나

1999년 6월 북한 경비정들이 연일 서해 북방한계선(NLL)을 침범하자 당시 김대중 대통령은 이른바 '4대 교전(交戰) 규칙'이라는 작전 지침을 내렸다. "적이 쏘기 전에 절대 먼저 쏘지 말라. NLL은 고수하라. 현장 이탈하지 말라. 확전(擴戰)하지 말라"는 내용이었다.

이에 따라 우리 해군은 NLL 이남으로 연일 내려오는 북한 경비정들에 위험을 무릅쓰고 고속정 선체(船體)로 부딪치는 '밀어내기 전술'로 대응해야 했다. 이런 상황이 1주일여가량 계속되다 6월 15일 제1연평해전이 발생했다. 당시 지휘관을 맡았던 한 예비역 해군 제독은 "제1연평해전은 우리가 승리하기는 했지만 4대 교전 수칙은 통수권자의 지시가 장병을 얼마나 위험에 빠뜨릴 수 있는지를 보여준 좋은 교훈 사례"라고 말했다.

2010년 3월 천안함 폭침 사건 직후 천안함 장병은 북한의 어뢰 공격임을 직감(直感)하고 "어뢰 공격으로 추정된다"고 보고했다. 그러나 해군 수뇌부는 이를 즉각 받아들이지 않았고, 이명박 대통령은 "사건 원인을 예단하지 말라"는 지시를 되풀이했다. 8개월 뒤인 그해 11월 연평도 포격 도발 사건 때도 청와대 고위 관계자가 확전 자제 발언을 한 것으로 알려지면서 우리 군은 또 한 번 '말로만 강력 대응'을 했고 결국 많은 국민을 실망시켰다.

지금까지 군(軍) 통수권자 또는 청와대의 잘못된 지시, 청와대와 군 수뇌부 간의 소통 부족, 통수권자 의중(意中)에 대한 군 수뇌부의 과잉 충성 등에 따라 북한의 도발에 우리 군이 잘못 대응한 경우는 비단 이 사건들뿐이 아니었다. 그리고 더 큰 문제는 앞으로 있을 일이다. 올 들어 지난 4월 장거리 로켓 발사를 제외하곤 아직 눈에 띄는 북한의 고강도(高强度) 도발은 없는 상태이지만 김정은 체제 등장 이후 한반도 안보의 불안정성이 커지면서 북한의 추가 도발 가능성이 상존(尙存)하고 있다. 하지만 대선을 불과 60여 일 앞두고 있는 지금까지도 유력 대선 후보들은 대부분 구체적인 위기관리 대책을 제시하지 않고 있다.

내년부터 향후 5년간 남북한 관계와 대(對)주변국 관계에서 중대 사태가 생길 수 있다는 안보 변수가 부각되고 있다. 북한은 다음 정부의 지원 등이 만족스럽지 못하거나 내부 체제 결속이 필요하다 싶으면 제2의 연평도 포격 도발과 같은 고강도 도발을 감행할 수 있다는 전망도 많다. 그럴 경우 지금까지 군에서 말로는 "10배까지 대응 포격을 하겠다"고 공언해왔지만 실제로 어느 정도 수준으로 대응할지는 군과 새 통수권자 간에 사전 교감이 있어야 한다. 센카쿠(중국

명 댜오위다오)를 둘러싼 중·일 대립처럼 독도와 이어도를 둘러싸고 일·중과 영토 분쟁이 생길 수 있는 가능성도 다음 대통령의 안보 분야 고민거리가 될 것이다.

이런 여러 돌발 상황에 대비하기 위해서라도 대선 후보들은 국방 분야에 대한 공부와 고민이 필요하다. 그리고 다음 대통령은 취임 이후 최대한 이른 시일 안에 새로 임명된 청와대 외교·안보 참모, 군 수뇌부와 함께 각종 돌발 상황에 대비한 위기관리 연습을 해야 한다.

_《조선일보》, 2012년 10월 16일

국민은 전투형 군대를 원한다

몇 년 전 한미 연합 키 리졸브 연습 때 당시 우리 해병대사령관이 미 지휘함 블루릿지를 방문한 모습을 담은 사진 한 장이 군사전문 웹사이트 등 인터넷에서 화제가 된 적이 있다.

당시 이 사령관은 철모에 턱끈을 매고 허리에 방독면까지 매단 채 헬기를 타고 미 지휘함에 내려 미군 장성들과 악수를 했다. 이 모습을 본 네티즌들은 "한국군 고위 장성이 저렇게 FM(야전교범)대로 복장을 갖추고 훈련하는 모습을 처음 본다" "미군 장성들만 FM대로 하는 줄 알았는데 한국군 고위 장성이 미군과 같은 모습으로 훈련하다니 신선한 충격이다" 등 많은 댓글을 통해 찬사를 아끼지 않았다. 반면 이 무렵 유엔사 군정위 관계자들이 키 리졸브를 참관하면서 복장을 제대로 갖추지 않은 모습도 온라인에 등장했는데 해병대사령관의 모습과 대비돼 네티즌들의 비난이 빗발쳤다.

이 같은 네티즌, 국민들의 반응은 지난해 천안함 폭침 사건 및 연평도 포격도발을 겪으면서 더 강해진 듯하다. 연평도 포격도발 후 여론조사에선 우리 정부와 군이 보다 강력히 대응했어야 했다는 응답 비율이 '신중한 대응'을 주문한 응답 비율보다 훨씬 높았다. 올해 초 해병대 장성 또는 영관장교들이 직접 부상 장병들을 둘러업고 뛰어가고 소총 실탄사격 등을 하는 모습이 ≪국방일보≫ 등을 통해 알려졌을 때도 긍정적인 반응이 많았다.

최근에도 이런 사례는 이어지고 있다. 북한이 지난달 27일 대북 전단 살포에 대해 임진각 등을 조준포격하겠다고 협박한 뒤 김관진 국방부장관은 이달 초 육군 1군단 등을 시찰하면서 "쏠까요 말까요 묻지 말고 선조치 후보고 하라"고 지시했다. 그 뒤 온라인상에선 김 장관의 단호한 지시에 대해 찬사가 이어졌다. 또 며칠 전부터는 필자의 웹사이트(bemil.chosun.com)에서 육군 모 사단장의 상륙돌격형 머리가 화제다. 머리가 길면 유사시 머리에 상처를 입었을 때 상처 부위를 확인하기 어렵기 때문에 길이 3cm 이하로 짧게 깎으라고 부대원들에게 지시하면서 본인도 솔선수범한 것이다.

이 같은 국민들의 반응에는 일관된 하나의 흐름이 있다고 본다. 행정형 군대가 아닌 전투형 군대를 바라는 것이다. 많은 전문가가 지적하고 있듯이 우리 군은 6·25전쟁 이후 주도적으로 큰 규모의 전쟁을 치러본 적이 없다. 베트남전 참전 경험을 가진 장성·장교들도 이제 군에 남아 있지 않다.

이런 한계를 극복하기 위해선 어떻게 해야 할까? 우선 '항재전장

(恒在戰場)' 의식을 가질 수 있도록 끊임없이 실전적인 훈련을 하고 자극을 받아야 할 것이다. 현재 이라크·아프간전을 진행하고 있는 미군은 항상 전 세계 어디서든 크고 작은 전쟁을 치르면서 세계 최강의 전투형 군대로 거듭나고 있다. 우리는 미국처럼 할 수 없는 게 현실이다. 대신 유엔 평화유지군(PKF) 등 해외파병 활동에 적극적으로 참여하면서 자극을 받고 경험을 쌓아야 할 것이다.

오는 26일은 온 국민에게 엄청난 충격을 준 천안함 폭침 사건이 발생한 지 1주기가 되는 날이다. 이제 우리 군이 천안함 폭침 사건의 상처를 딛고 전화위복의 기회로 삼아 전투형 군대로 '환골탈태'한 모습을 보여주기를 기대한다.

_《국방일보》, 2011년 3월 15일

독일군 승리는 지력의 승리!

"전차·전투기 등 각종 무기의 수가 독일군이 더 많았다. 장비 성능도 독일군이 훨씬 우수했다."

제2차 세계대전 초기 독일군이 전격전으로 프랑스 등을 파죽지세로 점령한 뒤 독일이 승리한 원인을 분석할 때 자주 등장하는 말이다.

과연 사실인가? 당시 영국·프랑스 등 연합군은 항공기·전차 사단·대포 전체 규모에서 독일보다 우위에 있었다. 독일군이 앞섰던 것은 서부전선에 배치된 폭격기와 전투기였다. 독일군은 2,779대였지만 연합군은 1,448대에 불과했다.

연합군은 장비가 부족해서가 아니라 공군 주력을 소극적인 방어용으로 활용해 밀렸다는 지적이다. 얼마나 많은 항공기를 보유했는가가 아니라 얼마나 잘 활용했는가가 문제라는 얘기다. 전쟁 초기 독일군 무기가 우수했다는 것도 잘못된 통념이다. 당시 전차 중 가장 성능이 우수했던 것은 프랑스제였다.

그러면 독일은 어떻게 쉽게 승리를 거둘 수 있었을까? 『MADE IN WAR – 전쟁이 만든 신세계』의 저자 맥스 부트는 독일군이 원칙과 훈련·계획·협동, 그리고 통솔력에서 결정적으로 유리했기 때문이라고 분석하고 있다. 독일군이 전쟁 방식을 2차 산업혁명에 맞춰 '거리 개념 전체'를 바꿔놓았다는 것이다. 반면 프랑스군은 그렇게 하지 못했다.

마르크 블로흐는 이런 자성의 목소리를 내기도 했다. "독일의 승리는 근본적으로 지력의 승리였다. 이 전쟁에서 독일군의 핵심 아이디어는 속도였다. 반면 우리는 어제, 또는 그 이전 방식으로 사고했다. 설상가상으로 우리는 독일군이 새로운 전술을 사용한다는 의심의 여지 없는 증거에 직면해서도 그것을 무시했고, 이 시대의 빨라진 리듬을 이해하는 데도 실패했다."

구시대 전쟁방식에 사로잡혀 있다가 처절하게 당한 경우는 이뿐만이 아니다. 일본군이 공격할 가능성에 대비해 윈스턴 처칠 수상은 1941년 12월 싱가포르에 해군 태스크포스 부대를 파견토록 지시했다. 해군성은 항공모함이 태스크포스 부대와 동행해야 한다고 주장했으나 항모가 훈련 중 사고가 생겨 출정할 수 없게 됐다. 처칠은 프린스 오브 웨일즈 호와 리펄스 호만 극동에 파견했다.

'불침함'이라는 별명을 가진 프린스 오브 웨일즈 호는 영국의 가장 강력한 최신형 전함 중 하나였다. 리펄스 호는 프린스 오브 웨일즈 호보다 오래된 순양함이었지만 강력한 16인치 포를 장착하고 있었다. 영국은 두 함정 모두 대공포로 잘 무장하고 있어 공습을 해도 안전할 것이라고 생각했다. 그러나 결과는 참담했다.

　일본은 96대의 폭격기 등을 동원해 두 함정에 폭탄 및 어뢰 세례를 퍼부었고 몇 분 만에 두 배는 바닷속으로 가라앉았다. 움직이는 대형 함정이 항공기의 공격만으로 침몰한 것은 사상 처음이다. 60여 년 전 일어난 일이지만 이러한 교훈은 지금도 유효하다. 우리 군이나 국방정책을 입안하는 사람들도 가슴에 새겨야 할 장면들이라고 생각한다.

_《국방일보》, 2008년 1월 24일

훈련 개혁의 중요성

최첨단 장비를 갖췄다고 전쟁에서 꼭 승리할까?전쟁의 역사는 그렇지 않다는 것을 보여준다. 첨단무기를 갖고 있는 것과 전장에서 제대로 활용하는 것은 별개 문제라는 얘기다.

미국이 베트남전 이래로 군의 훈련과 교리를 개혁(혁신)하지 않았다면 1991년 걸프전에서 대승을 거두기 힘들었을 것이라는 진단도 이런 맥락에서 나온다.

미군의 훈련 개혁은 1969년 북베트남에서의 공중전 성과에 만족하지 못했던 미 해군이 샌디에이고 미라마 해군 항공기지에 미 해군 전투기학교를 설립하면서 시작됐다. 영화 〈탑건(Top Gun)〉으로 널리 알려진 이 학교는 실전과 같은 공중전 훈련을 통해 조종사들의 전투 기량을 크게 향상시켰다. 이에 자극받은 미 공군도 75년 자체 전투비행학교를 설립했다.

네바다 주 넬리스 공군기지에서 매년 실시하는 '레드 플래그(Red Flag)' 훈련은 조종사들이 가상 적기 편대와 실전을 방불케 하는 모의교전을 벌이도록 하고 있다. 이 훈련 결과 조종사는 전투 출격 후 첫 10분 동안 격추될 확률이 가장 높은 것으로 나타났다.

미 육군도 캘리포니아 주 포트 어윈에 있는 모하비 사막에 NTC(National Training Center)라 불리는 방대한 실전 훈련장을 마련했다. 81년부터 미 육군 기계화대대는 NTC에서 구소련의 차량화 보병연대를 모델로 한 대항군과 모의교전을 벌여왔다. 레이저 광선을 활용해 실탄을 쏘지 않고도 매우 과학적이고 실전적인 훈련을 할 수 있다.

이런 훈련 시스템을 통해 미군은 세계 최강으로 자리매김할 수 있었다. 하지만 이런 미군도 과거에는 실전 경험이 부족하거나 충분한 훈련을 받지 않은 상태에서 전장에 투입, 많은 희생을 치러야 했던 경우도 적지 않았다. 제2차 세계대전이 한창이던 43년 2월 튀니지에서 미 제1기갑사단은 노련한 독일군 기갑사단에 완패, 6,000명이 넘는 병력을 잃어야 했다.

반면 걸프전 당시 사막의 방패와 사막의 폭풍작전은 병사가 모두 충분한 실전 훈련을 받았기 때문에 성공적으로 끝마칠 수 있었다는 한 미군 장성의 말처럼 과거와는 달랐다. 교리 혁신 또한 91년 걸프전을 승리로 이끈 견인차였다. 베트남전으로 나락에 떨어졌던 미 육군은 73년 미 육군 교육사령부(TRADOC)를 창설한 뒤 환골탈태를 꾀한다.

초대 교육사령관 윌리엄 드푸이 장군은 전쟁 발발 후 대규모 물량 공세와 병력 투입을 통해 승리를 꾀하는 미군의 전통적 접근방식을 타파해야 한다고 강조했다. 드푸이 장군의 후임으로 교육사령관에 취임한 돈 스태리 장군은 유명한 공지전(Air Land Battle) 교리를 내놓았고 이는 걸프전 승리의 1등 공신이 됐다고 한다.

지난 19일 대통령 선거가 끝난 뒤 새정부 출범을 앞두고 각 분야별로 변화의 요구가 높다. 우리 군의 경우 강군이 되기 위해 무엇보다 필요한 변화 중 하나가 바로 이 훈련과 교리 개혁이 아닐까 한다.

_《국방일보》, 2007년 12월 27일

견문을 넓힌다는 것

요즘 케이블 채널에서 시청자들의 인기를 끌고 있는 프로그램 가운데 〈대국굴기〉라는 것이 있다. 중국 CCTV가 특별기획으로 제작한 대작으로 근현대 강대국들의 흥망성쇠를 다각적으로 심층 분석해 시청자들의 호응을 얻고 있는 것이다. 이 프로그램이 다룬 국가는 포르투갈, 에스파니아, 네덜란드, 영국, 프랑스, 독일, 일본, 러시아, 미국 등 9개국. 근현대사에 등장한 강대국들을 망라했다고 볼 수 있다.

이 중 우리 입장에서 자연스레 더 관심을 가질 수밖에 없는 나라가 이웃 일본이다. 〈대국굴기〉에서 일본을 다룬 프로그램 중 가장 놀랍고도 흥미로웠던 대목은 메이지 유신 때의 이와쿠라 사절단이었다. 1868년 메이지 유신 이후 등장한 메이지 신정부는 1871년 이와쿠라 도모미 외무경을 전권대사로, 안중근 의사에게 저격당해 우리나라에도 널리 알려진 이토 히로부미, 오쿠보 도시미치, 기도 다카요시 등을 전권부사로 임명했다.

이들은 48명으로 이뤄진 대규모 사절단을 이끌고 미국과 유럽 11 개국을 방문했는데 여기엔 일본의 실권을 주무르고 있던 고위인사 중 절반 가량이 포함돼 있었다고 한다. 유학생 59명도 동행했다. 기간도 1, 2주에 그친 것이 아니라 무려 20개월에 걸쳐 진행됐다. 주요 국정을 담당하는 핵심 요직 관계자들의 절반이 1년 넘게 나라를 비우고 선진국 견학을 다닌 셈이다.

당시의 일본 국정운영 시스템과 지금은 많은 차이가 있겠지만 아무리 그렇더라도 보통 국가라면 엄두조차 낼 수 없는 과감한 조치가 아닌가 한다. 이들은 이를 통해 선진 각국의 정치, 군사, 외교, 법률, 경제, 문화 등을 소상히 배웠다. 일본이 모든 분야에서 전면적인 개혁이 필요하다는 것을 절실히 느껴 국가정책에 반영, 아시아의 강국으로 급부상했다.

이처럼 국가 지도자가 해외에서 견문을 넓힌 것이 강대국으로 발돋움하는 데 큰 힘이 된 나라 중엔 러시아도 있다. 러시아를 강국으로 성장시킨 대표적인 군주는 뒤에 '대제(大帝)' 칭호를 받은 표트르 1세가 꼽힌다. 러시아 역대 군주 중 가장 먼저 해외로 나갔던 그는 특히 평범한 신분으로 위장해 해외 시찰을 다녔던 것으로 유명하다. 1697년부터 그는 하사로 신분을 속인 뒤 1년여 동안 프로이센, 네덜란드, 영국, 독일, 오스트리아 등을 여행하며 일반인과 똑같이 숙식을 함께 했다. 이를 통해 러시아의 낙후성을 절감한 그는 귀국한 뒤 조선소를 만들고 러시아 최초의 함대인 발트함대를 편성했으며, 러시아 정치·문화의 중심지인 상트페테르부르크를 건설하는 등 강대국의 토대를 닦았다.

우리나라도 주변 강국 사이에서 살아남고 발전하기 위해선 이런 노력이 필요하다. 특히 각 분야를 이끌 지도자들에겐 더욱 그러하다. 군도 마찬가지다. 해외에 한 번 나가본 적 없이 묵묵히 야전에서 일만 했다는 것이 자랑이 될 수 없는 시대가 됐다는 생각이다.

_《국방일보》, 2007년 11월 9일

● **CHAPTER 2**

북한 군사적 위협과
대응전략

핵무장 선택권을 갖자

"수소탄은 아니고 증폭핵분열탄을 실험했다 하더라도 실패했다고 본다."

지난 6일 북한의 4차 핵실험 실시 이후 국방부와 정보 당국 관계자들이 하는 말이다. 이번 핵실험의 위력은 6킬로톤(kt · 1킬로톤은 TNT 폭약 1,000t 위력) 정도로 보통 원자폭탄보다 강한 증폭핵분열탄의 위력(40~150kt)에 크게 못 미쳤다는 것이다. 6kt은 히로시마에 투하된 원자폭탄(15kt)의 절반 위력이기 때문에 외형상 이런 설명이 틀리지 않은 것처럼 보인다. 하지만 간과해서는 안 될 것이 6kt의 핵폭탄이라 하더라도 그 파괴력은 엄청나며, 잇단 핵실험을 통해 북한의 핵무기 기술은 계속 진보하고 있다는 점이다. 서울 도심 상공에서 6kt의 핵폭탄이 폭발할 경우 반경 수 km 이내를 초토화하고 20만 명 이상의 사상자를 낼 수 있다.

문제는 북한 핵폭탄 무기고(庫)는 지난 몇 년간 계속 늘어왔고 지금 이 순간에도 증가하고 있다는 것이다. 북한은 1990년대 중반 이전까지 6~8개의 핵무기를 만들 수 있는 플루토늄을 확보한 데 이어 2000년대 초반 이후 원심분리기 가동을 통해 또 다른 핵무기 원료인 고농축우라늄을 매년 만들어내고 있다. 현재 북한의 핵무기는 10~20개 안팎으로 추정된다. 하지만 현 상태가 지속된다면 북한의 핵무기는 2020년엔 최대 50개 안팎으로 늘어날 수 있다고 한다. 그동안 최소 130여 차례의 고폭(高爆) 실험을 통해 미사일 탄두로 장착하는 핵무기 소형화 기술도 계속 발전시켜왔다. 2020년쯤엔 미 서부에 도달할 수 있는 KN-08 이동식 대륙간탄도미사일(ICBM)에 핵탄두를 장착할 가능성도 있다. 우리는 물론 미국에도 '핵 재앙'이 현실화하는 것이다.

시시각각 현실로 다가오는 핵 재앙을 어떻게 막을 것인가? 대북 제재 성패의 열쇠를 쥐고 있는 중국 입장의 획기적인 변화는 기대하기 어렵다는 것이 8일 한·중 외교장관 전화 회담을 통해 드러나고 있다. 미 B-52 전략폭격기가 10일 한반도에 긴급 출동했지만 이는 북한의 추가 도발 억제에 도움이 될 뿐, 핵개발 저지에는 영향을 끼치지 못한다. 일각에선 북 핵시설에 대한 '외과수술식 예방 폭격'이나 독자 핵무장, 미군 전술핵 재배치 등을 해결책으로 제시하고 있다. 하지만 이 방안들 또한 경제외교적 타격, 실효성과 현실성 등을 따져볼 때 실현되기 어려운 게 현실이다.

김정은 정권은 "하늘이 두 쪽 나도 핵 포기는 없다"고 공언했듯이 앞으로도 수소폭탄과 ICBM, SLBM(잠수함발사탄도미사일)을 목표로 중단 없이 나아갈 것이다. 이를 막을 근본적인 해결책으로 국내외 여러 전문가는 개과천선 가능성이 없어 보이는 김정은 정권의 교체를 추진해야 한다고 주장하고 있다. 무력 충돌을 피하면서 지혜롭게 접근할 수 있는 방법을 고민하고, 독자적인 정보 감시, 정밀 타격, 특수전 능력을 서둘러 갖춰야 할 것이다. 핵무장은 하지 않되 일본처럼 마음만 먹으면 언제든지 핵무기를 만들 수 있는 잠재 능력을 갖는 핵무장 선택권(Nuclear Option) 전략도 적극 검토할 필요가 있다. 빈약하기 짝이 없는 지금의 미사일 방어 능력도 대폭 보강해야 한다. 시간이 없다. 대북 확성기 방송 재개를 결심한 것으로 알려진 박근혜 대통령의 또 다른 결단을 기대한다.

_《조선일보》, 2016년 1월 11일

북北 위협에 '보초 기러기' 안 되려면

조선 중기 문신인 최연(崔演 · 1503~1546) 선생이 쓴 '안노설(雁奴說)'이란 글이 있다. 여기에 우리 조상의 기발한 기러기 잡는 법이 나온다. 기러기는 보통 수십~수백 마리가 한 무리가 돼 물가에서 잠을 잔다. 잘 때는 보초 기러기로 하여금 사방을 살펴 지키게 하고는 그 속에서 큰(대장) 기러기들이 잠을 잔다고 한다. 사람들이 틈을 엿봐 조금이라도 가까이 가면 즉시 보초 기러기가 '비상'을 걸어 잠자던 기러기들도 깨어 일어나 날아가기 때문에 그물로도 화살로도 잡을 수 없다.

그래서 등장한 것이 항아리와 촛불을 쓰는 방법이다. 우선 날이 어두워진 뒤 항아리 속에 촛불을 넣고 불빛이 새지 않도록 감춰서 가지고 간다. 살금살금 다가가 촛불을 조금만 들어 올리면 보초 기러기가 놀라 울고 큰 기러기들도 잠을 깬다. 그때 바로 촛불을 다시 감춘다. 조금 뒤 기러기들이 다시 잠들면 또 전처럼 불을 들어 보초 기러기가 울도록 한다. 이런 일이 서너 차례 되풀이되면 큰 기러기가 도리어 보초 기러기에게 거짓말을 했다고 혼을 내게 된다. 안노설은 "그러면 사람들이 다시 촛불을 들더라도 보초 기러기가 쪼일까 두려워 울지 못하고 이때 사람이 덮쳐서 한 마리도 남김없이 모조리 잡아버린다"고 적고 있다. 늑대와 양치기 소년의 우화 같지만, 거짓말을 한 양치기 소년과 달리 보초 기러기는 사실 그대로 보고했는데도 신뢰를 잃었다는 점에서 큰 차이가 있다.

우리 군은 과거에 정치적 이유나 국방예산을 더 많이 타내려는 의도로 북한의 군사적 위협이나 도발 가능성을 부풀려 얘기했다가 국민의 불신을 키운 적이 없지 않았다. 양치기 소년과 비슷했던 셈이다.

하지만 요즘은 한국군이 보초 기러기가 되지 않을까 걱정하는 전문가가 늘고 있는 듯하다. 김정은 집권 이후 북한군의 이례적 움직임이 이어지고 있기 때문이다. 북한 핵무기의 가장 위협적 운반 수단이 될 탄도미사일 발사 훈련이 두드러진다. 북한은 지난해 2~7월 한·미 감시망이 취약한 새벽이나 밤, 주말에 7차례에 걸쳐 스커드·노동 등 탄도미사일을 기습 발사했다. 7차례 중 4차례는 내륙 지역에서 기존 미사일 기지로부터 수십km씩 떨어진 곳으로 이동식 발사대를 몰래 이동시켰다. DMZ(비무장지대)에서 불과 20여 km 떨어진 우리 코앞에서 발사한 적도 있다. 모두 전례 없는 일이다.

하지만 한·미 군 당국은 북 미사일 발사를 한 번도 사전에 탐지하지 못했다. 대표적 비대칭 위협 중 하나인 북 특수부대 훈련 강화나 침투용 신무기 개발도 눈여겨볼 부분이다. 북한군은 지난해 말 저공 침투용 AN-2기를 활용한 특수부대의 공수 낙하 훈련을 예년보다 20배나 늘렸다. 군 고위 관계자는 "김정은은 집권 후 2015년을 '통일 대전 완성의 해'로 공언하며 국지 도발에서 전면전에 이르기까지 모든 시나리오에 대해 실전적 점검을 치밀하게 하고 있다"고 전했다.

정부는 기회 있을 때마다 남북 대화와 협력이 제대로 되려면 튼튼한 안보가 뒷받침돼야 한다고 강조해왔다. 한국군이 보초 기러기가 되지 않기 위해서라도 정부의 약속이 빈말이 돼서는 안 될 것이다.

_《조선일보》, 2015년 1월 16일

'한국판 스푸트니크 쇼크'

1978년 9월 26일 충남 서해안 안흥시험장. 박정희 대통령이 지켜보는 가운데 미국제 나이키 허큘리스 지대공(地對空)미사일을 꼭 빼닮은 미사일이 불기둥을 내뿜으며 하늘로 치솟았다. 첫 국산 지대지(地對地)미사일인 '백곰'이었다. 사정거리 180km로 평양을 사정권에 넣을 수 있었던 백곰은 보기 좋게 목표물에 명중했다. 한국이 세계에서 7번째로 탄도미사일 개발국이 되는 순간이었다.

당시 북한에는 사정거리 50~70km인 프로그(FROG) 5·7 로켓만 있었을 뿐 본격적인 지대지미사일은 없었다. 이로써 지대지미사일 분야에선 우리가 북한에 비해 상당한 우위에 서게 된 것이었다. 하지만 이듬해 우리나라는 탄도미사일 사거리를 180km로 제한하는 '한미 미사일 지침'이라는 족쇄를 차게 됐다. 반면 북한은 1980년대 초반 이후 탄도미사일 개발에 박차를 가하며 가시적인 성과를 내기 시작했다. 1984년 4월 사거리 300km의 스커드-B 미사일 첫 시험발사에 성공한 이후 사거리 500km의 스커드-C 시험발사(1986년),

스커드 B/C 실전배치(1988년) 등 북한의 미사일 개발은 순풍에 돛을 단 듯 순항했다.

반면 우리는 1980년대 초중반 들어 오히려 뒷걸음질쳤다. 사실상의 쿠데타로 집권해 미국의 지원이 절실했던 5공 신군부는 미국의 압력으로 1982년 미사일 개발팀을 해체시킨 것을 비롯, 무기개발의 총본산인 국방과학연구소(ADD) 전 직원의 3분의 1을 대량해직했다. 우리 미사일 사거리에 '180km'라는 족쇄를 채우고 있었던 한미 미사일 지침은 북한이 노동(1,300km), 대포동 1호(2,500km) 등을 실전배치 또는 시험발사한 뒤인 2001년에야 개정됐다. 그나마 늘어난 사거리는 북한이 이미 배치한 미사일들보다 훨씬 짧은 300km에 불과했다.

최근 북한의 광명성 3호(대포동 2호) 발사 선언을 계기로 한미 미사일 지침 개정 요구 목소리가 높다. 이명박 대통령도 언론 인터뷰에서 개정이 희망적인 듯한 언급을 했다. 그러나 실제로는 우리가 희망하는 수준으로 바뀌기까지는 아직도 넘어야 할 험난한 산들이 남아 있는 듯하다. 미국은 세계 몇몇 국가들과 비밀리에 맺은 미사일 사거리 제한 양자(兩者)지침과의 형평성 문제 등 때문에 한국의 요구를 들어주기 힘들다는 입장인 것으로 알려졌다.

한편에선 우리 순항(크루즈)미사일의 경우 사실상 사거리 제한이 없고 이미 사거리 1,500km까지의 미사일이 개발됐기 때문에 탄도미사일에 너무 목을 맬 필요가 없지 않으냐는 얘기도 나온다. 하지만 탄도미사일은 순항미사일에 비해 정확도는 떨어지나 사정거리가 길고 탄두 중량도 무거워 위력이 크며 요격도 어렵다는 장점들이 있다.

만에 하나 북한이 공언한 대로 무게 100kg의 초보적인 위성이 이번에 궤도진입에 성공한다면 우리는 1957년 구소련이 사상 첫 인공위성인 스푸트니크 발사에 성공한 뒤 미국 사회 전체가 엄청난 충격에 빠졌던 것과 비슷한 '한국판 스푸트니크 쇼크'를 겪을지도 모른다. 한미 미사일 지침 개정을 비롯해 우리의 탄도미사일 및 로켓 발전에 국민적 의지와 국가 역량을 모아야 할 때다.

_《조선일보》, 2012년 4월 10일

말뿐인 '사이버전 강화^{强化}'

지난 2007년 에스토니아의 전체 인터넷이 2주간 마비되는 초유의 사건이 발생했다. 러시아를 기반으로 한 분산서비스거부(DDos) 공격 때문이었다. 긴장한 나토(북대서양조약기구)는 에스토니아 수도 탈린에 합동 사이버 방위센터 본부를 세우고 국제법 전문가들을 소집해 사이버 교전규칙에 대한 논의를 시작했다. 3년 이상 지난 2013년 '사상 첫 사이버 전장(戰場) 바이블'로 불리는 '탈린 매뉴얼(manual)'이 탄생했다. 탈린 매뉴얼에 따르면 사이버 공격으로 인명 피해가 발생하거나 국가 자산이 손상 또는 파괴되는 경우 피해국은 가해국에 대해 무력 사용이 가능하다.

그러면 정작 북한과 매일 사이버전을 벌이고 있고, 이미 여러 차례 북한의 사이버 공격으로 막대한 피해를 입은 우리나라는 어떠한가? 지난해 12월 한국수력원자력공사(한수원)가 해킹당해 민감한 원전 기밀 정보가 유출된 사건이 북한 소행으로 드러났지만 우리 정부는 북한에 대한 보복 대응 조치는 취하지 않았다. 미국이 북한의 소니픽처스 해킹에 대해 북한 웹사이트를 마비시키는 보복을 하는 등 강경 대응했던 대처 방식과는 너무나 달랐다. 원전 자료를 해킹한 세력은 지난 13일에도 김관진 청와대 국가안보실장의 국방장관 시절 이메일 등을 공개하며 우리 정부에 대한 협박을 계속하고 있다. 군 고위 관계자들은 2010년 연평도 포격 도발 이후 "북한의 추가 도발시 도발 원점(原點)은 물론 지원·지휘 세력까지 보복 타격하겠다"고 기회 있을 때마다 공언해왔다. 하지만 북한의 사이버 공격에 대해 탈린 매뉴얼을 적용한 교전규칙이나 대응 지침을 만들었다는 얘기는 들리지 않는다.

게다가 앞으로가 더 문제다. 북한 김정은은 2013년 군 간부들에게 "사이버 공격은 핵·미사일과 함께 우리 군의 만능의 보검(寶劍)"이라고 강조했다. 북한의 사이버전 인력은 최근 9개월 새 900명이 늘어 6,800여 명에 달하는 것으로 알려졌다. 우리 사이버사령부 인력의 10배가 넘는다.

박근혜 대통령은 올 들어 청와대 국가안보실에 사이버안보비서관을 신설하는 등 사이버전 강화 의지를 보였다. 하지만 그 뒤 대통령의 이런 의지를 의심케 하는 일들이 벌어지고 있다. 최근 청와대를 사령탑으로 국정원과 군·경찰·행정자치부 등 정부 관련 기관이 유사시 사이버전에서 역할을 적절히 나누는 방안에 대한 회의가 열렸는데 현재 사이버전의 주도권을 갖고 있는 국정원이 강력 반발해 흐지부지될 위기에 처했다고 한다. 국정원은 얼마 전 이탈리아 업체로부터 해킹 프로그램을 구매한 사실이 드러나면서 논란의 중심에 서 있다. 또 통합방위법에 사이버 영역이 포함돼 있지 않아 유사시 군(軍)이 절름발이 대응을 할 수밖에 없는데도 법 개정 추진은 지지부진한 상태다.

전문가들은 북한이 외부 인터넷과 분리된 군 등 우리 주요 기관의 내부 전산망을 해킹할 수 있는 것은 시간문제라고 지적한다. 그럴 경우 각종 기밀이 유출되는 것은 물론 군 지휘통제가 마비되고 사회기반 시스템이 붕괴되는 재앙적 상황이 초래될 수도 있다. 이런 비극을 예방하기 위해서라도 정부 기관 간 '밥그릇 싸움'을 멈추고 사이버전과 관련된 시스템 구축과 관련 법령 정비, 독자적인 기술 개발 및 전문 인력 양성을 서둘러야 한다.

_《조선일보》, 2015년 7월 15일

오판과 실수에도 대비해야

"이러다 정말 무슨 일 나는 것 아니에요?"

요즘 많이 받는 질문이다. 북한이 연일 전쟁 위협 발언 수위를 높이면서 초면(初面)인 사람도 이렇게 묻는다. 그때마다 국방부 고위 관계자 말을 인용해 "만약의 사태에 대비는 해야 하지만 짖는 개는 물지 않으니 너무 걱정하지 마시라"고 안심시키곤 한다.

실제로 북한은 초강경 위협을 했을 때보다는 우리가 방심하고 있을 때 고강도(高強度) 도발을 한 적이 많다. 1993년 1차 북핵 위기 등에선 전쟁을 불사할 듯 긴장 수위를 높여갔지만 실제 고강도 도발은 하지 않았다. 반면 2002년 제2 연평해전, 2010년 천안함 폭침 및 연평도 포격 도발은 그다지 군사적 긴장이 높지 않아 우리 군의 경계 태세가 느슨해졌을 때 벌어졌다.

남북한 정권이 처한 상황도 북한의 고강도 도발 가능성 등 남북 무력 충돌 가능성을 낮게 해준다. 북한 김정은은 팽팽한 긴장 상황을 북한 체제를 결속하고 한·미를 대화의 장(場)으로 끌어내는 데 활용할 수 있다. 하지만 실제 천안함 폭침 사건이나 연평도 포격 도발과 같은 고강도 도발을 감행하면 과거와는 다른 차원의 강력한 보복을 받을 가능성이 크다. 이는 아직 완전히 자리 잡지 못한 것으로 추정되는 김정은의 권력 기반을 흔들 수 있다. 단기적으로도 4월 중에는 김일성 생일(15일), 북한군 창건 기념일(25일) 등 굵직굵직한 북한 기념일이 줄을 잇고 있기 때문에 '잔칫날' 분위기를 깰 위험이 있는 고강도 도발은 힘들 것이라는 예상도 나온다.

이제 출범 1개월을 넘긴 박근혜 정부도 실제 남북 간 군사적 충돌이 생길 경우 향후 5년 내내 큰 부담이 될 수밖에 없다. 무력 충돌에 따라 국방예산 등 안보 비용이 크게 증가할 경우 박 정부의 대표 상품인 '국민 행복 시대', '복지 증진'은 상당한 타격을 입을 것이다. 우리 정부도 더 이상의 사태 악화를 원치 않고 국면 전환점을 찾고 있다는 얘기가 나오는 이유다.

이에 따라 북한이 실제 도발을 할 가능성은 충분하지만 그 형태와 수준은 고강도 도발이 아니라 사이버 테러, GPS 교란, 판문점 무력 시위, NLL 인근 포 위협 사격 같은 중·저강도 도발이 될 가능성이 높다는 전망이 나오고 있다.

하지만 오판과 실수에 따른 충돌 가능성이 남아 있는 게 문제다. 이제 29세에 불과한 김정은은 군사 상식에 벗어나는 즉흥적이고 치기(稚氣) 어린 행동을 계속하고 있다. 미그-29 전투기, 공기부양정, 170mm 장사정포, 무인 타격기 등 그동안 베일에 가려 있던 무기들을 공개해 우리 군의 정보 수집에 도움을 주고 있고, 한밤중에 최고 사령부에 군 수뇌를 불러 회의한 모습을 공개하기도 했다. 군 고위 소식통은 "럭비공 같은 김정은이 어디로 튈지 몰라 불안하다"고 말했다.

군사 전문가들은 남북한군 모두 경계 강화 조치가 장기간 지속돼 피로도가 높아져 있는 것도 우려한다. 실수에 따른 충돌 가능성이 있기 때문이다. 정부와 군, 국민 모두 냉철한 현실 인식과 적절한 상황 관리로 북한의 추가 도발을 억제한다면 이번 안보 위기를 잘 넘길 수 있을 것이다.

-《조선일보》, 2013년 4월 1일

북北의 미사일, 남南의 '킬 체인'

이라크전 초기인 지난 2003년 4월 7일 미군의 B-1 폭격기가 사담 후세인이 숨어 있던 것으로 추정되는 바그다드의 한 주택가에 합동 직격탄(JDAM)을 투하했다. 합동직격탄은 민가를 명중했지만 후세인은 잡지 못했다. 당시 미 정보 당국이 후세인이 민가에 숨어 있다는 첩보를 입수, 이를 B-1 폭격기에 전달해 폭격하는 데까지 걸린 시간은 불과 40분.

과거 전쟁에 비해 첩보 입수에서 타격까지 걸린 시간이 엄청나게 짧아진 것이다. 2차대전 때는 며칠이 걸렸고 1991년 걸프전 때는 몇 시간 단위로 짧아졌던 것이 이라크전에선 분 단위로 단축된 것이다. 또 걸프전에서는 전장(戰場)의 15%만 탐지가 가능했으나, 지금은 무인기(UAV) 등 각종 첨단 감시 정찰 장비의 발달로 전장의 90%를 감시할 수 있게 됐다.

이는 '전쟁의 안개(Fog of War)'로 표현되는 전장의 불확실성을 감안하면 비약적 발전을 한 것이다. 전략 사상가 클라우제비츠는 전장의 기상, 통신 미숙, 전쟁 계획의 예상치 못한 변경, 기타 전장 환경에 따른 예상 밖 문제들이 안개와 같은 역할을 해왔다고 설파했다.

우리 군에서도 이런 전쟁의 안개를 걷어내고 첨단무기들의 도움을 받아 30분 안에 북한 핵무기 등을 탐지, 타격하게 하는 '킬 체인(Kill Chain)'을 추진 중이다. 수년 내에 북한의 핵탄두(彈頭) 미사일이 현실화해 북한이 쏘려 할 경우 발사 직전 때리는 선제(先制) 타격이 성공하려면 이 킬 체인이 제대로 작동돼야 한다.

그러면 군 당국이 북한 핵미사일 위협에 대한 '종합 감기약'처럼 강조하고 있는 킬 체인이 실제로 잘 작동할 수 있을까? 최근 북한의 미사일 발사 움직임과 관련한 한·미 군 당국의 움직임을 들여다보면 걱정이 앞선다.

북한은 최근 무수단 중거리 미사일(사거리 3,000~4,000km)을 비롯, 스커드(사거리 300~500km)·노동(사거리 1,300km) 미사일 등을 쏠 듯한 움직임을 보인 바 있다. 이것들은 이동식 발사대에 실려 움직인다. 발사 움직임을 보인 북한의 이동식 발사대는 최대 7~8기(基)로, 10기가 안 넘는 것으로 알려져 있다. 숫자가 많지 않지만 한·미 당국은 이들의 움직임을 정확히 파악하지 못하고 있다. 비무장지대(DMZ)에서 200여 km 떨어진 문제 지역을 24시간 감시할 수 없고, 구름이 끼면 미 정찰위성 등이 사진을 찍을 수 없기 때문이다.

한·미 양국이 이례적으로 대북 정보감시태세(워치콘)를 2단계까지 격상해 감시 수준을 높이고 정찰 장비도 총동원하다시피 해 추적하고 있지만 10기도 되지 않는 북 미사일 이동식 발사대를 다 추적하지는 못하고 있는 셈이다.

현재 북한이 보유하고 있는 미사일 이동식 발사대는 100기가 넘는 것으로 알려져 있다. 전쟁이 터지면 북한은 이동식 발사대 수십 기를 여기저기 옮겨 다니며 미사일 발사를 시도할 것이다. 평상시에 10기도 안 되는 이동식 미사일을 제대로 추적하지 못하면서 전시(戰時)에 어떻게 이동식 미사일 100여 기를 추적해 30분 안에 파괴하겠다는 것인지 의구심을 지울 수 없다.

_《조선일보》, 2013년 4월 22일

안 싸우고 이기는 심리전

'25억 장 대(對) 3억 장.'

6·25전쟁 당시 유엔군과 공산군이 각각 상대방에 뿌린 삐라의 규모다. 미군 등 유엔군은 공산군 측에 25억 장의 삐라를, 공산군은 유엔군측에 3억 장의 삐라를 각각 살포한 것으로 추정되고 있다.

삐라는 서로 전세(戰勢)를 유리하게 끌어가려고 심리전의 일환으로 만든 선전용 전단이다. 유엔군이 공산군을 향해 뿌린 삐라는 "사람의 몸으로 탱크와 비행기에 대항할 수 없다", "날마다 수천 명씩 북한군이 유엔 편으로 넘어오고 있다"는 등 공산군의 전의(戰意)를 상실케 하거나 김일성 등을 비방하는 내용이 주를 이루고 있었다.

유엔군이 압도적으로 많은 양의 삐라를 살포한 것은 유엔군, 특히 미군이 심리전을 매우 중시했음을 보여준다. 미군은 심리전을 '극비(極秘·Top Secret)'로 분류해 구체적인 계획을 만들고 실행에 옮겼다. 미군의 심리전 중시는 이후 베트남전, 걸프전을 거쳐 이라크·아프가니스탄전까지 이어져오고 있다. 미군은 이라크·아프가니스탄전에 EC-130 '코만도 솔로'라 불리는 심리전용 특수항공기를 투입하고 있는 것으로 알려져 있다. EC-130은 C-130 수송기를 개조, AM·FM 라디오 방송과 TV 방송을 할 수 있을 뿐 아니라 적의 방송을 중단시키고 전파를 교란할 수 있는 특수장비를 갖춰 '하늘을 나는 방송국'으로 불린다.

미군은 한반도에서도 지난 2005년 한·미 연합 심리전사령부를 창설하는 등 심리전을 강조하고 있다. 미군은 한·미 연합훈련 때 종종 EC-130과 심리전 부대를 출동시켜 유사시 대북 심리전에 대비하고 있다.

우리 군의 대북 심리전 태세는 어떠한가? 과거에는 합동참모본부의 민사심리전부가 대북 확성기 방송과 전단 살포 등 평상시와 전시(戰時) 심리전을 담당했었다. 그러나 지난 2004년 남북 장성급 회담에서 상호 비방 심리전을 중단키로 합의함에 따라 역할이 점차 축소됐고, 2009년 민사심리전부는 과(課) 수준으로 격하됐다. 그 후 지난해 북한의 천안함·연평도 도발로 대북방송 등 심리전을 재개키로 결정됨에 따라 올 1월 '민군(民軍)심리전부'로 부활했다.

민군심리전부는 평상시 대북 심리전 외에 북한 급변사태 및 전면전 때 북한 지역에서의 민사(民事) 작전 및 심리전을 맡고 있다. 이같은 조직 확대에도 불구하고 최근 군이 세련되지 못한 심리전을 하고 있다는 비판이 제기됐다. 전문성이 부족하다는 지적도 나온다. 심리전 부대의 자문을 맡았던 한 탈북 인사는 "북한 말투와 표현 등 북한에 대한 기본적인 사항조차 모르는 경우가 있어 놀랐다"고 말했다.

미군 장군들도 즐겨 인용하는 『손자병법』은 적에게 승리를 거두는 네 가지 단계 중 적이 투지를 발휘하지 못하도록 선수를 쳐서 정신적으로 압도, 싸우지 않고 이기는 '벌모(伐謀)'가 상지상책(上之上策), 즉 최고의 방책이라고 했다. 심리전은 대표적인 '벌모' 방책이다. 전차·전투기·함정 등 첨단무기 증강도 중요하지만 싸우지 않고 적을 이기는 심리전에 대해서도 보다 많은 관심과 투자가 필요한 때다.

_《조선일보》, 2011년 3월 11일

이번엔 GPS 교란, 끝이 없다

지난 8월 말 서해 일대에서 나타난 GPS(위성위치확인) 장애 현상의 일부는 북한이 개성 등지에서 실시한 교란 작전에 따른 것으로 드러나고 있다. 북한은 러시아로부터 GPS 교란 장비를 수입하다가 몇 년 전 독자 개발 장비를 만들어 중동지역에 수출까지 추진하고 있는 것으로 알려졌다. 한·미 양국 군의 일부 미사일이나 폭탄 등 상당수 무기가 GPS에 의존하고 있는 만큼 위협이 아닐 수 없다. 일반 사회에서도 GPS를 사용하는 비중이 높아지고 있어 북한의 GPS 교란 능력은 앞으로 어떤 새로운 위협을 낳을지 알 수 없다. 당장 공항 시스템이 괜찮은지 걱정이 든다.

북한의 이런 위협을 보면 정말 북한 체제는 말 그대로 '자나깨나' 남한을 파괴하고 괴롭힐 궁리만 하고, 모든 국력을 여기에 쏟아붓고 있다는 생각을 떨칠 수 없다. 컴퓨터 해킹으로 우리 주요 기관 홈페이지를 공격하더니, 얼마 안 있어 천안함을 격침시키고, 다시 개성에서 GPS 교란 장비를 실험했다.

북한은 1990년대 이후 경제난으로 전차·전투기·함정 등 재래식 전력(戰力)을 대규모로 증강하는 데 한계에 부딪혔다. 대신 비용 대비 효과 면에서 효율적인 비대칭 전력을 강화하는 데 성공했다. 비대칭 전력은 북한이 우리보다 큰 우위에 있는 분야를 일컫는 말이다. 핵·생화학무기·미사일 등 이른바 대량살상무기들이 대표적이다.

그러면 북한의 비대칭 전력은 값비싼 세계 최고 성능의 첨단무기들인가? 결코 그렇지 않다. 오히려 그렇지 않은 경우가 더 많다. GPS 교란 장비처럼 값싸면서도 한·미 양국 군의 급소나 허점을 찾아 공격하는 데 위력을 발휘할 수 있는 경우가 적지 않다. 지난 3월 천안함을 공격한 북한의 소형 연어급 잠수정 등도 북한의 대표적 비대칭 전력에 속한다. 북한의 소형 잠수함이나 잠수정은 우리 잠수함보다 작고 구형이지만 은밀히 침투해 특수부대를 상륙시키거나 기습 어뢰공격을 하는 데는 지장이 없다.

지난해 국내 주요 사이트를 마비시킨 '디도스 공격'도 북한 해커들의 소행으로 추정되는데 북한은 600명 이상의 해커 부대를 운용 중인 것으로 알려졌다. 북한이 330여 대를 보유 중인 AN-2도 비록 1940년대 말 개발된 골동품 같은 비행기지만 특수부대를 은밀히 침투시키는 데 효과적이어서 한·미 양국은 대응책에 골머리를 앓고 있다. 20만 명에 달하는 세계 최대규모의 북한 특수부대도 비용대비 효과 면에서 매우 위협적인 대표적 비대칭 '무기'다.

지난달 언론에 공개된 북한의 위장·기만 전술을 다룬 전자전(電子戰) 교범도 북한이 얼마나 실제 전쟁에 대비해 치밀한 노력을 하고 있는가를 잘 보여주는 증거물이다. 이 책자는 코소보전을 예로 들면서 "유고슬라비아군이 노출된 진지에 나무나 합판, 천 등으로 만든 가짜 고사포와 대공미사일, 항공기, 전차 등을 배치하고, 실제 무기들은 철저하게 은폐해 숨긴 결과 나토군은 기갑 목표물의 40%를 파괴했다고 발표했으나 실제로는 전차 300대 중 13대만 파괴됐다"고 소개하고 있다.

북한의 이런 치밀함과 집요함은 혀를 내두르게 한다. 우리 사회가 이를 따라갈 수도 없고 따라가서도 안 된다. 그러나 군(軍)만은 북을 능가할 정도로 치밀해야 하고 집요해야 한다. 그래야 전쟁을 막는다.

_《조선일보》, 2010년 10월 11일

전군全軍 앞에 설 대통령께

대통령께서 오늘 창군(創軍) 이래 처음으로 전군(全軍) 지휘관의 회의를 주재합니다. 오랫동안 군을 취재해온 저 또한 이번 천안함 사태에서 우리 군의 대응에 실망한 부분이 적지 않습니다. 합참의장과 국방장관이 대통령보다 늦게 보고를 받는 등 보고 지연 문제는 변명의 여지가 없습니다. 한 전직 국방장관이 지적했듯이 KNTDS(해군 전술지휘통제시스템) 등 그동안 수조 원의 예산이 들어간 육해공군의 첨단 지휘통제 시스템이 이번에 빛을 발했다는 얘기는 들리지 않고, 휴대폰과 팩스를 통해 보고하고 작전지휘를 했다는 얘기가 많이 들렸습니다. 서해에서의 잠수함(정) 침투 가능성을 낮게 봤다가 허를 찔린 점도 부인할 수 없는 문제입니다.

안타깝게도 많은 국민들이 이번 사건으로 군에 대해 큰 불신을 갖게 됐습니다. 여기엔 정부와 군이 초기 대응을 잘못해 자초한 측면도 적지 않다고 봅니다. 천안함 인근에 있던 속초함이 새떼에 130여 발의 76mm 함포 사격을 했는데, 처음부터 천안함을 공격한 북한

반잠수정인 줄 알고 격파사격을 실시했다고 발표했더라면 괜한 의혹이 증폭되지 않았을 것입니다.

국민과 군 간의 소통에도 심각한 문제가 드러났습니다. 일각에선 군 공보조직의 잘못이라고 합니다. 하지만 이번 사건을 다루는 핵심 부서, 예컨대 합참 및 해군의 작전부서 등과 공보조직 간의 소통이 제대로 이뤄지지 않았습니다. 군 내부 소통도 안 되는데 국민과 소통이 잘 되면 이상한 일입니다. 과거 1·2차 연평해전 등 큰 사건·사고 때마다 느끼는 것이지만, 아직도 상당수 군 지휘관들은 국민과의 소통에 대해 잘못된 인식을 갖고 있는 것 같습니다. 군의 입장에서 대(對)국민 소통은 중요한 '군사 작전'일 수도 있습니다. 이번에도 그런 생각은 없이 단순한 언론 대응 개념으로 공보조직에만 모든 것을 떠넘기다 쓸데없는 의혹에 시달리게 됐습니다.

대통령께서는 오늘 회의에서 이번에 느끼신 우리 군의 문제점들에 대해 질책하리라 예상합니다. 이와 함께 천안함 장병들을 죽음으로 이끈 세력에 대한 분명한 응징 의지도 반드시 보여주었으면 합니다. 천안함 침몰이 아직 북한의 소행으로 최종 확인되지는 않았지만 그럴 가능성이 매우 높아지고 있는 상황입니다. 과거 강릉 잠수함 사건이나 유고급 잠수정 침투사건, 2차 연평해전 등 북한의 도발 때 우리 정부와 국민들은 얻어맞은 우리 군에겐 호된 질책을 했지만 정작 범행을 저지른 북한에 대해선 사실상 그냥 넘어가는 처분을 해왔습니다. 그런 점에서 지금 군내에선 자책(自責)을 하면서도 이번 사안에 대해 정부, 국민들이 어떻게 대응하고 반응하는지 민감하게 지켜보고 있습니다.

한 예비역 대장을 최근 만났더니 "군사적인 판단과 명백한 증거를 요구하는 형사사건은 다르다. 전쟁을 하는 지휘관들에게 형사사건적 접근을 요구해선 안 된다"고 하더군요. 이번 사건에 대한 대처와 수습이 잘못되면 군과 민(民)의 괴리와 불신이 더욱 커질 우려가 있습니다.

오늘 대통령은 행정부 수반(首班)이 아니라 군 최고사령관입니다. 65만 장병과 모든 국민이 정말 오랜만에 우리 군 최고사령관의 모습을 보고 그 말을 듣게 됩니다. 전군 지휘관회의가 군의 사기를 북돋우고 천안함 공격 세력에 분명한 경고가 되기를 바랍니다.

_《조선일보》, 2010년 5월 4일

북北은 우리를 겨냥한다

1944년 9월 8일 저녁 런던 시내에 느닷없이 포탄이 떨어지는 것과 비슷한 소리가 난 뒤 거대한 폭발이 두 차례 일어났다. 정체 모를 폭발물의 위력은 예상보다 컸다. 38채의 가옥이 부서졌고 2명이 사망, 20여 명이 부상했다. 히틀러의 '비장의 무기' V2 로켓이 처음으로 사용된 순간이었다. V2는 1945년 3월 2일까지 1,359발 이상이 영국으로 발사돼 수천 명의 사상자가 발생했다. 영국이 실제로 입은 타격은 크지 않았으나 런던 시민은 공포에 떨어야 했다. 정밀유도 기술이 없었던 V2의 정확도(CEP)는 17km에 달했지만, 오늘날 탄도미사일(Ballistic Missile)의 원조라 불린다. 전쟁이 끝난 후 아이젠하워 연합군 사령관은 "만약 V-2가 6개월만 먼저 나왔어도 세계의 역사는 달라졌을 것"이라며 신무기 V-2의 위력을 높게 평가했다.

그 뒤 미국과 소련, 중국 등 강대국은 사정거리 5,500~1만 km가 넘는 대륙간탄도미사일(ICBM)까지 개발해 배치했다. 인도와 파키스탄, 이란·시리아 등 중동 국가들, 브라질 등 초강대국 이외의 국가들도 중장거리 탄도미사일 개발에 열을 올리고 있다. 이는 탄도미사일에 핵탄두 등 대량살상무기를 장착하면 강대국도 쉽게 덤빌 수 없고 국제적 위상이 높아질 것으로 판단하기 때문일 것이다. 북한은 그런 국가 중에서도 지난 수년간 가장 '주목받는' 나라가 됐다. 1984년 사정거리 300km짜리 스커드 B 시험발사에 성공한 뒤 20여 년 만에 사정거리 3,000~4,000km짜리 미사일을 실전 배치하고, ICBM에 가까운 미사일과 로켓을 두 차례나 시험발사하는 등 이 분야에 극렬하게 매달리고 있기 때문이다.

북한 미사일의 능력 향상은 단지 사정거리 연장에 있지 않다. 지난 4일 발사된 7발의 탄도미사일 중 5발이 발사지점으로부터 420km 떨어진 곳에 집중적으로 낙하했다고 한다. 정확도가 향상됐다는 얘기다. 전문가들은 정확도를 높이는 것이 탄두의 위력을 강화하는 것보다 파괴력 향상에 훨씬 도움이 된다고 지적한다. 종전 북한 스커드 미사일(사정거리 300~500km)의 정확도는 450m~1km, 노동 미사일(사정거리 1,300km)의 정확도는 1~3km에 달했다. 사정거리는 짧지만 정확도는 뛰어난 우리 지대지미사일 현무(50~100m)에는 크게 못 미쳤는데 이제 북한 탄도미사일의 치명적인 약점이 해결되고 있다는 얘기다. 북한은 이런 탄도미사일을 스커드는 600여 발, 노동은 200여 발을 보유하고 있다. 반면 우리 탄도미사일의 사정거리는 한미 미사일 지침(2001년)에 따라 사실상 300km에 묶여 있다.

그러면 이런 현실을 어떻게 바라보고 대처해야 할 것인가? 우선 북한은 2년간이나 전체 주민들의 식량난을 해결할 수 있는 6억~7억 달러 이상의 돈을 퍼부어가면서 핵실험과 미사일 발사를 하고 있는데 이에 대해 국제 사회와 공조해 비판하고 압박을 가해야 할 것이다. 또 군사적인 측면에선 북한의 미사일이 발사되기 직전에 조기에 파괴하고, 날아오는 미사일은 요격 미사일로 막는 방법도 강구해야 할 것이다. 한미 미사일 지침을 개정해 우리 미사일 사정거리를 연장할 필요도 있다.

하지만 보다 근본적인 문제이자 해결책은 우리의 인식과 관련된 것이다. 노무현 정부 시절인 2006년 7월 한 정부 고위 관계자가 "북한 미사일 발사는 안보 위협이 아니다"라고 언급했듯이 아직도 북한 미사일은 미국이나 일본에 대한 위협이지 우리에 대한 것이 아니라는 인식을 갖고 있는 사람이 적지 않다면 정말 큰일이다. 북한 미사일 위협이 단순히 '협상용'이 아니라 '실체적인 군사적 위협'이라는 인식을 가질 필요가 있는 것이다.

분명한 현실은 북한이 배치한 탄도미사일의 대부분이 바로 우리를 겨냥하고 있다는 점이다. 그렇지 않고서야 북한이 남한을 주사정권으로 넣는 1발당 수백만 달러짜리 미사일을 600여 발이나 만들어 배치했겠는가.

_《조선일보》, 2009년 7월 7일

북北이 '핵우산'을 겁낼까?

"공산주의자들에게 단순한 공갈은 통하지 않는다. 공산주의자들과의 협상은 우리가 막강한 군사력을 사용하는 것을 실제로 고려하고 있음을 그들이 인식하게 될 때라야 성공할 수 있다."

6·25 전쟁 당시 휴전 협상의 유엔군 측 수석대표였던 터너 조이 (C. Turner Joy) 미 해군중장이 공산측과의 협상 경험을 토대로 쓴 『공산주의자들은 어떻게 협상하는가』라는 책에서 한 말이다.

그는 1955년 출간된 이 책에서 이런 말도 했다. "우리가 진정으로 전쟁을 회피하려 한다면 전쟁의 위험을 감수할 태세를 갖추는 것이 필요하다." "경미한 사안에 관해 우리가 일방적인 양보를 하면 그들은 보다 중요한 사안에 관해서도 밀어붙이면 우리가 결국 양보한다는 인식을 갖게 된다."

조이 제독이 50여 년 전 설파(說破)한 이 말은 1953년 정전협정

체결 이후 계속돼온 북한의 도전과 도발에도 그대로 적용되는 것 같다. 특히 1990년대 초반 이후 지루하게 끌어오다 최근 다시 위기 국면을 맞고 있는 북한과의 핵협상과 관련해 되새겨볼 만하다.

북한은 그동안 '전쟁 불사'를 외치는 벼랑 끝 전술과 흥정 대상을 여러 조각으로 나눠 야금야금 실속을 챙기는 '살라미' 전술을 적절히 배합해 가며 한·미 양국 등으로부터 많은 실리를 취해왔다.

올 들어선 대륙간탄도미사일(ICBM)로 활용될 수 있는 장거리 로켓 발사, 2차 핵실험 등을 한데 이어 지난 13일엔 유엔 안보리의 대북제재 결의안에 맞서 우라늄 농축작업 등을 공언하고 나섰다. 북한은 이미 6~8개가량의 20kt(킬로톤 · TNT폭약 1,000t의 위력)급 핵무기를 만들 수 있는 플루토늄을 확보한 것으로 추정되고 두 차례에 걸친 핵실험을 통해 핵무기 보유가 현실화하고 있다. 그만큼 남북 간 전력(戰力) 불균형, 유사시 북한의 핵 사용 가능성에 대한 우려도 커지고 있다.

그러면 이런 난국을 어떻게 타개해야 할까? 북한이 핵개발을 포기하고 기존 핵무기를 완전히 폐기하는 것이 최선이겠지만 현실적으로는 요원한 얘기다. 차선책으로는 북한이 유사시 핵무기를 사용하지 못하도록 사전에 억제하는 방안이 거론된다. 이를 위해선 북한이 먼저 핵무기를 사용할 경우 미국의 핵무기로 보복할 수 있다는 핵우산이 '구두선(口頭禪)'이 아니며 실제로 핵무기가 사용될 수 있다는 의지를 북한에 분명히 인식시키는 것이 중요하다.

북한이 미국의 핵우산이 단순한 선언에 그치는 것이라고 생각하는 한, 핵우산을 통한 핵 억제는 효과가 없는 것이다. 북한에 핵우산 메시지를 분명히 전달하는 방법과 관련, 1980년대 유럽에서의 중거리 핵전력(INF) 협상이 참고 사례로 제시되기도 한다. 당시 구소련이 SS-20 미사일을 서유럽을 겨냥해 배치하자 미국은 국내외의 우려와 반대를 무릅쓰고 퍼싱-Ⅱ 미사일을 유럽에 배치했다. 결국 구소련은 SS-20 미사일을 후방으로 물렸고 이에 부응해 서방세계도 퍼싱-Ⅱ 미사일을 후방으로 재배치했다고 한다. 비슷한 맥락에서 1991년 한반도에서 철수한 전술핵무기를 재배치해야 한다는 주장도 일각에서 제기되고 있다.

한·미 양국 정부도 이런 우려를 감안해 16일 개최된 한미 정상회담에서 핵우산과 재래식 전력을 포괄하는 '확장된 억제'를 명문화하기로 했다. 하지만 북한에 보다 분명히 양국의 의지를 전하기 위해선 양국 군의 작전계획상 핵 응징보복 계획 포함 등 구체적인 후속조치도 이뤄져야 할 것이다.

_《조선일보》, 2009년 6월 18일

더 이상 참으면 안 된다

"극비(極秘)! 유도탄 개발 지시… 사거리 200km 내외의 근거리."

1971년 12월 박정희(朴正熙) 대통령이 청와대 핵심 참모에게 건넨 친필 극비 메모다. 당시 우리나라는 미사일은 물론 포탄도 제대로 만들지 못하는 기술 수준이었지만 주한미군 철수, 북한의 잇따른 도발 등 절박한 안보위기 속에서 '무리한' 지시가 내려졌던 것이다.

그로부터 6년 9개월여가 지난 1978년 9월 26일. 충남 안흥 시험장에서 나이키 허큘리스 지대공(地對空)미사일을 꼭 빼닮은 미사일이 화염과 연기를 내뿜으며 하늘로 솟아올랐다. 껍데기는 나이키 미사일과 흡사하지만 속은 완전히 뜯어고친 첫 국산 지대지(地對地)미사일 '백곰'이었다. 사정거리는 180km로 평양까지 공격할 수 있었다. 이날 백곰이 목표지역에 정확히 떨어짐으로써 우리나라는 세계에서 일곱 번째로 탄도미사일 개발 성공국이 됐다.

당시 북한은 사정거리 55~70km의 구소련제 프로그 5·7 로켓을 보유하고 있었을 뿐 지대지미사일은 없었다. 하지만 국산 미사일 개발 성공에는 '족쇄'가 따랐다. 개발 과정에서 미국의 기술지원을 받으면서 "사정거리 180km 이상의 미사일은 개발 및 보유를 하지 않는다"는 일명 '한·미 미사일 협정'을 체결했던 것이다.

그 뒤 남한의 탄도미사일 대북(對北) 우위는 오래가지 못했다. 1982년 전두환(全斗煥) 정권은 국산 탄도미사일 개발의 주역인 국방과학연구소(ADD) 미사일 개발팀을 해체했다. 박정희 정권의 핵 개발과 그 운반수단인 탄도미사일 개발을 견제하던 미국의 압력 때문이었던 것으로 알려졌다.

반면 북한은 1981년쯤까지 이집트로부터 사정거리 300km의 구소련제 스커드 B 미사일을 도입해 분해한 뒤 역설계, 1984년 자체 생산한 스커드 B 시험발사에 성공한다. 그 뒤 북한의 탄도미사일 개발은 순풍에 돛을 단 듯 발전을 거듭했다. 사정거리 500km의 스커드 C 시험발사 성공(1986년), 일본 본토 대부분의 지역을 사정권에 둬 일본을 긴장하게 한 사정거리 1,300km의 노동미사일 시험발사 성공(1993년)이 이어졌다. 1998년 8월엔 대포동1호가 일본 열도를 넘어가 1,600여 km 떨어진 태평양 상에 떨어졌다.

이 기간 중 우리나라는 어떠했는가? 1980년대 초반 ADD 미사일 개발팀의 해체로 완전히 손을 놓고 있다가 1983년 아웅산 테러사건이 발생하자 유사시 북한에 대한 전략 보복 타격수단으로 탄도미사일의 필요성이 급부상했다. 부랴부랴 탄도미사일 개발을 재개했으나 개발팀 해체의 후유증은 컸고 1986년에야 백곰을 개량한 '현무' 미사일(사정거리 180km) 시험발사에 성공한다.

그 뒤로도 북한의 탄도미사일이 500km·1,300km·2,500km로 사정거리를 늘려가는 사이 우리는 2001년 한·미 미사일 협정이 개정될 때까지 180km에 고착돼 있었다. 2001년 한·미 양국은 협상을 통해 군용 탄도미사일의 경우 사정거리 300km, 탄두중량 500kg까지 생산·배치·보유할 수 있도록 하는 새 한·미 미사일 협정을 체결한다. 그러나 이 협정은 사정거리 300km 이상의 탄도미사일에 대해 연구개발만 가능할 뿐 시제품 제작과 시험발사는 못하도록 하고 있다.

이번에 북한은 장거리 로켓 발사에서 비록 인공위성의 궤도진입에는 실패했지만 98년 발사된 대포동1호(사정거리 2,500km)에 비해 사정거리를 2배 이상 늘리는 데는 성공했다는 평가다. 이에 따라 우리의 탄도미사일 개발 전략도 완전히 새롭게 짤 때가 됐다는 생각이다. 무엇보다 먼저 우리의 '족쇄'를 풀어버릴 수 있는 방책을 강구해야 할 것 같다.

_《조선일보》, 2009년 4월 6일

북한 반군이 핵무기를 탈취한다면…

인기배우 조지 클루니와 니콜 키드먼이 주연한 〈피스메이커(Peace-maker)〉라는 영화가 있다. 테러단체에 의해 탈취된 러시아 핵무기를 소재로, 테러범이 핵탄두를 갖고 뉴욕으로 잠입하는 상황을 그렸다. 이 밖에도 테러단체에 의해 핵탄두가 도난당한 상황을 소재로 한 영화는 적지 않다.

전문가들은 이것이 2001년 9·11 이후 미국인들이 가장 두려워하고 있는 상황 중의 하나라고 말한다. 북한에 대해서도 마찬가지다. 2006년 핵실험으로 북한의 핵보유가 확인된 이후 미 정부나 군 당국이 가장 우려하는 것은 북한 핵무기 등 대량살상무기가 범죄자들 손에 들어가 외부로 반출되거나 통제불능의 상황에 빠지는 것이다.

북한은 히로시마에 떨어진 것과 비슷한 20kt(킬로톤·TNT폭약 1,000t의 위력에 해당)의 위력을 갖는 핵무기 7~12개를 보유한 것으로 추정되고 있다. 북한이 김정일 국방위원장의 유고 등으로 중앙

통제력이 약화된 상태에서 반군이나 외부 테러단체가 한 개의 핵무기라도 탈취해 위협하는 상황이 되면 미국뿐 아니라 우리에게도 악몽이 될 수 있다.

북한은 핵무기 외에도 화학무기를 2,500~5,000t이나 보유하고 있고, 이들의 운반수단이 될 수 있는 중장거리 탄도미사일 800여 발을 갖고 있다. 이들도 통제불능 상태에 빠지면 우리에게 위협이 될 수 있다.

이런 상황에 대비해 만든 것이 99년 작성된 '개념계획(CONPLAN) 5029'다. 여기엔 북한 대량살상무기 대책 외에 북한의 무정부 상태 또는 내전 상황, 대량 탈북 난민 사태, 대규모 자연재해에 대한 인도주의적 지원, 북한 내 한국인 인질사태 등이 포함돼 있다.

하지만 개념계획은 말 그대로 추상적인 계획으로 병력동원·배치계획 등이 포함돼 있지 않아 한계가 있다. 그래서 노무현 정부 시절한·미 양국군이 '개념계획 5029'를 병력동원 계획 등이 포함된 '작전계획 5029'로 바꾸려 했지만 청와대가 주권침해 소지가 있다며 제동을 걸었고, 결국 구체화하되 작전계획화(化)는 하지 않는다는 어정쩡한 상태로 결론이 났다.

물론 가장 이상적인 방법은 북한 급변사태가 생겼을 경우에도 군사력을 동원하지 않고 평화적·외교적으로 해결하는 것이다. 그러나 『손자병법』엔 그다지 내키지 않는 하책(下策)이라고 나와 있지만 현실적으론 군사력의 동원을 고려할 수밖에 없는 상황들이 있는 것이 현실이다.

200만 명 이상의 대량 탈북 난민이 쏟아져 나올 때 군 투입 없이 경찰 등 민간 행정력만으로 수습할 수 있을 것인가, 북한 반군이 대량살상무기를 탈취해 우리를 위협할 경우 어떻게 할 것인가, 중국군이 사태 수습을 명분으로 북한에 진주했을 때 어떻게 할 것인가 등에 대한 해답이다. 미국의 대표적인 싱크탱크인 랜드연구소의 브루스 베넷 박사는 북한 급변사태 중 내전(內戰) 시, 그리고 통일 후 안정화 과정에서 사태 수습을 위해선 40만~50만 명 이상의 한국군 지상군 병력이 필요할 것으로 전망했다.

최근 김정일 위원장의 건강 이상으로 '개념계획 5029'의 작전계획화 문제가 논란을 빚고 있다. 정부와 군이 국내외에 떠벌리면서 '작전계획 5029'를 만들어서도 곤란하겠지만 북한의 반발과 국내 일각의 반대가 두려워 아무런 대비도 하지 않는다면 직무유기가 아닐까. 북한 급변사태를 고려한 군사 대비책은 중국의 반응에 대한 역사적인 경험과 주변국과의 외교문제 등까지 고려한 고차(高次) 방정식이 돼야 할 것이다.

_《조선일보》, 2008년 9월 23일

또 나온 '천안함 괴담怪談'

할리우드 액션 대작들 가운데엔 미국 정찰위성의 뛰어난 능력을 과시하는 장면이 종종 나온다. 뉴욕 맨해튼의 건물 사이로 도망가는 주인공을 수백 km 상공에 떠 있는 정찰위성이 실시간으로 추적하고 주인공이 나누는 대화를 엿듣기까지 한다. 바닷속 깊이 움직이는 원자력추진 잠수함을 군용위성이 실시간으로 탐지해 어디로 움직이는지 손바닥 들여다보듯이 파악하는 장면도 등장한다.

하지만 이는 영화 속의 얘기일 뿐 현실과는 거리가 멀다. 사진을 찍는 정찰위성은 특정지역 상공에 고정돼 있는 것이 아니기 때문에 24시간 특정지점을 계속 감시할 수 없다. 잠수함의 경우는 추적·감시하기가 훨씬 어렵다. 최신 대(對)잠수함 장비로도 적(敵) 잠수함을 실제로 탐지할 수 있는 확률은 10~50%에 불과하며, 인공위성으로 바닷속에서 움직이는 잠수함은 추적할 수 없다. '모래사장에서 바늘 찾기'라는 말이 나올 정도다.

민주통합당 한반도·동북아평화특별위원장인 이해찬 전 국무총리는 지난 1일 기자회견에서 천안함 사건과 관련, "(한반도는) 위성에서 관찰하는 모든 물체가 레이더로 디지털로 기록되고, 그 배가 언제 어디서부터 공격받아서 흘러갔는지 다 나오고, 그게 청와대에 있다"며 "그런 자료를 하나도 공개하지 않으면서 이야기해서 국민적 신뢰가 흐려진 것"이라고 했다. 청와대와 군(軍)이 2010년 3월 26일 밤 천안함 폭침 전후의 상황을 모두 알고 있었으면서도 이를 숨겨 의혹을 사고 있다는 취지인 듯하다. 이 전 총리는 또 "만약 어뢰에 의해 공격받은 게 사실이라면 방어전선이 뚫렸다는 것이고, 해군작전사령부와 합참이 책임져야 하는데 앞뒤가 안 맞는 조치를 했다"며 "군 지휘체계를 점검하고 문책할 사람을 문책해야 국민이 신뢰할 수 있다"고 했다.

이에 대해 군에선 "총리까지 지내신 분이 상식에 맞지 않고 사실과 다른 얘기를 한다"는 불만이 나오고 있다. 천안함은 북한 잠수정의 기습적인 어뢰 공격을 받아 폭침(爆沈)됐지만 공격받았을 당시나 직후엔 북 잠수정의 공격인지 확실히 몰랐고, 뒤에 민·군 합동조사단의 정밀조사에 의해 이를 확인할 수 있었던 것이다. 당시 한·미 군 당국은 북 잠수정이 수중으로 침투해 천안함을 공격했던 상황을 추적·감시할 수 없었으며, 피격을 전후한 천안함의 항적(航跡)은 미 인공위성이 아니라 우리 해군의 KNTDS(해군 전술지휘통제체계)로 파악하고 있었다. 천안함 항적 KNTDS 자료는 사건 후 국회 등에 비공개로 제출됐다. 또 북 잠수정 경계 작전 실패의 책임을 지고 당시 합참의장을 비롯한 합참 작전 라인 핵심 관계자들과 해군

작전사령부, 해군 2함대 고위간부들이 상당수 옷을 벗거나 징계를 받았다.

오는 26일로 천안함 폭침 2주기를 맞는다. 많은 시간이 흘렀지만 터무니없는 의혹을 제기하는 괴담(怪談)이 완전히 사그라지지 않고 있다. 더구나 총선과 대선을 앞두고 일부 정치세력이 어떤 의도를 갖고 괴담을 부추길 것이라는 우려도 적지 않다. 천안함 46용사와 부상자들의 희생과 고통을 헛되이 하지 않기 위해서라도 천안함 사건을 정치적으로 이용하는 일이 있어선 안 될 것이다.

_《조선일보》, 2012년 3월 5일

이래도 '안보 위협'이 아닌가

지난 91년 1월 걸프전 개전 직후 이라크의 스커드미사일이 사우디 아라비아와 이스라엘에 날아들기 시작하자 미군 등 연합군에는 비상이 걸렸다. 특히 이스라엘에 대한 스커드 위협은 확전(擴戰)을 초래할 수 있는 중대 변수였다.

미군은 즉각 '스커드 사냥'에 나섰다. 당시 제한적인 미사일 요격 능력만을 갖고 있던 패트리엇 미사일로는 제대로 스커드를 막을 수 없었기 때문이다. 미 DSP 조기경보위성과 KH-12 정찰위성은 물론 땅 위에서 움직이는 장비를 추적하는 데 효율적인 E-8 '조인트스타스', E-3 조기경보통제기(AWACS), F-15E 전폭기 등 최신 무기들과 특수부대가 대거 투입됐다.

스커드 사냥을 위해 각종 항공기가 출격한 횟수는 총 1,460차례. 당시 미군은 이를 통해 100여 대의 스커드 이동식 발사대를 파괴했다고 자랑했다. 대형 차량인 이동식 발사대 1대는 흔히 1기(基)로 표현된다.

그러나 전쟁이 끝난 뒤 나온 정밀 분석 결과는 참담했다. 단 한 대의 이동식 발사대도 파괴됐다는 증거가 없는 것으로 나타났다는 것이다. 이라크는 걸프전 기간 중 총 88발의 스커드를 이스라엘과 사우디아라비아 등에 발사, 시민들을 공포에 떨게 했다.

지난 10여 년간 스커드 같은 이동식 미사일을 찾아내고 파괴하는 기술은 발전됐지만 여전히 이동식 미사일은 추적하기 힘든 골치 아픈 존재다. 북한이 보유하고 있는 스커드와 노동미사일도 이동식 대형 발사차량에 탑재돼 수시로 옮겨져 다닐 수 있는 이동식이다. 북한이 보유한 미사일 숫자는 스커드가 600여 발, 노동이 200여 발에 달하며 이를 싣고 다니는 이동식 발사대는 스커드가 36기 이상, 노동이 9기 이상인 것으로 추정되고 있다. 이들이 액체연료 주입 등 발사 준비에 걸리는 시간은 스커드가 1시간 30분, 노동은 3시간으로 한·미 양국군의 정보 감시 수단이 즉각 파악하기엔 짧은 것이다.

이동식이라는 것 외에 스커드와 노동은 화학무기 등 대량살상무기를 운반할 수 있다는 점에서 위협적이다. 군 당국의 내부 분석에 따르면 스커드 미사일 1발에 화학 탄두가 탑재돼 수도권 등 인구 밀집지역을 공격할 경우 2,900~12만 명의 인명 피해가 발생할 수 있다고 한다.

북한이 보유한 스커드는 정확도가 낮아 군사 목표물을 족집게로 집어내듯이 공격하기보다는 대도시를 대상으로 한 무차별 공격에 적합하다는 점도 눈여겨볼 대목이다. 스커드의 정확도는 450m~2km다. 이는 스커드 100발이 서울 용산 국방부를 향해 발사됐다면 국방부를 중심으로 반경 450m~2km 내에 50발이, 그 외곽지역에 나머지 50발이 떨어진다는 얘기다.

대도시에 스커드가 단지 1~2발만 떨어지더라도 엄청난 공황 상태가 초래될 것은 불을 보듯 뻔하다. 이란·이라크 전쟁 때 이라크는 이란 테헤란 등에 스커드 공격을 감행, 8,000여 명의 사상자가 발생했는데 당시 테헤란 인구의 4분의 1이 공포심에서 도시를 탈출했다. 스커드가 서울에서 120km 떨어진 북한 신계기지에서 발사될 경우 서울에 3분 30초 만에 도달하는 등 짧은 비행시간 때문에 요격도 힘들다.

정부 고위 관계자가 9일 "북한 미사일 발사는 안보 위협이 아니다"라는 취지의 발언을 해 논란이 일고 있다. 이 관계자가 이런 북한 미사일 위협의 실체를 제대로 알고나 한 얘기인지 답답하고 안타깝다.

_《조선일보》, 2006년 7월 11일

대포동 2호와 정보 자주화

헐리우드 영화 속에 자주 등장하는 미국의 정찰위성은 500km 이상의 고도에서 자동차 번호판까지 식별해낸다. 영화에선 다소 과장되는 경우가 없지 않지만 카메라로 사진을 찍은 광학 정찰위성의 주역인 KH-12는 10cm의 해상도(解像度)를 갖고 있는 것으로 알려져 있다. 500km 상공에서 가로·세로 10cm 크기의 물체가 점으로 보여 식별할 수 있다는 얘기다.

우리가 북한의 대포동2호 미사일이 발사대에 장착됐는지, 미사일 주위에 액체연료 탱크가 있는지 알 수 있는 것도 대부분은 이 KH-12 덕택이다. 하지만 천리안을 가진 KH-12도 전지전능(全知全能) 하지는 않다. 24시간 내내 북한 상공에서 대포동 시험장을 내려다보는 것이 아니라 하루에 1, 2차례 시험장 상공을 지나면서 사진을 찍는 것이어서 놓치는 부분이 생길 수 있다. 북한도 미 정찰위성이 지나는 시간을 알고 있기 때문에 이때를 피해 작업을 할 수도 있다. 또 KH-12는 구름이 낄 때는 힘을 쓰지 못한다. 미국은 이를 보완하기 위해 레이더로 구름을 뚫고 사진을 찍을 수 있는 '라크로스' 위성을 운용 중이지만 해상도는 1m로 크게 떨어진다.

미국은 정찰위성 외에도 RC-135 전자정찰기, 이지스함 등 다양한 정보수집 수단을 총동원해 대포동2호 움직임을 추적하고 있다. 그러나 이렇게 내로라하는 첨단 장비를 갖춘 미국도 대포동2호에 액체연료가 과연 주입됐는지에 대해선 100% 확신하지는 못하는 것으로 알려져 있다.

이런 미국의 정보수집 수단으로부터 대북 주요 정보의 95% 이상을 받고 있는 우리가 독자적으로 대포동2호 움직임을 파악한다면 얼마나 알 수 있을까? 전문가들은 거의 '까막눈' 수준이 될 것이라고 말한다. 현재 매우 제한적인 정찰위성 역할을 하고 있는 아리랑1호의 해상도는 6.6m. 제법 큰 건물을 식별할 수 있는 정도여서 대포동2호 상태를 정밀하게 파악하는 데는 도움이 되지 않는다. 정보의 대미 의존도를 줄이기 위해 2000년 이후 야심 차게 들여온 '금강' 영상 정찰기는 평양 이남 지역까지 농구공 크기의 물체를 파악할 수 있을 뿐 대포동 시험장까지는 볼 수가 없다. 대포동2호와 관련된 한국군의 주요 정보 수단은 북한 내 교신을 엿듣거나 인적 네트워크를 통해 인간 정보를 수집하는 정도다.

미국의 정보제공이 없다면 우리는 북한이 대포동2호 발사준비를 하더라도 발사할 때까지 까마득히 모를 수도 있는 것이다. 이미 지난 2004년 9월 북한 양강도 대폭발설 소동과 같은 해 4월 용천 폭발사고 때 미국의 정보 제공이 늦어져 북한에서 무슨 일이 일어났는지 몰라 허둥댔던 아픈 경험이 있다.

이웃나라 일본은 북한의 미사일 위협을 정보수집 능력 강화를 위한 큰 명분으로 삼고 있다. 이미 해상도 1m짜리 정찰위성 2기로 대포동 시험장을 내려다보고 있으면서도 다음달 1기의 정찰위성을 추가 발사한다. 내년 초 네 번째 정찰위성이 발사되면 일본은 광학 위성뿐 아니라 레이더 위성도 가동, 전천후로 한반도를 본격 감시할 수 있게 된다. 다음달에야 해상도 1m짜리 아리랑2호를 발사, 처음으로 1m급 위성을 보유하게 되는 우리보다 크게 앞서가고 있는 것이다.

현 정부가 협력적 자주국방을 표명하면서 가장 우선순위를 두겠다고 한 것 중의 하나가 독자적인 감시·정찰능력의 확보다. 대포동 2호 발사징후에 대한 논란을 지켜보면서 정부의 '약속'이 얼마나 지켜질지 궁금해진다.

_《조선일보》, 2006년 6월 21일

북한의 비대칭 위협

"한반도는 산과 하천이 많고 긴 해안선을 가지므로 이러한 지형에 맞는 산악전·야간전·배합전술을 발전시켜야 한다."

 김일성이 1966년 한 회의에서 지시한 말이다. 그 뒤 북한은 1·21 청와대 기습사건, 울진·삼척 무장공비 침투사건 등 특수부대원들을 동원한 강도 높은 도발을 했다. 앞서 김일성은 50년 말 평안북도 만포진 별오리에서 개최된 별오리 회의에서 6·25전쟁에 대한 종합평가를 하면서 신속한 기동이 가능한 경보병 부대의 중요성을 강조하기도 했다.

 북한이 경보병 사단 등 특수부대를 비무장지대(DMZ) 인근 최전방에 배치하는 작업을 완료한 데엔 이런 뿌리가 있다고 봐야 할 것이다. 언론 보도에 따르면 북한군은 2~3년 전부터 특수전 부대인 7개 경보병 사단의 최전방 배치 계획을 추진해 최근 완료한 것으로 전해졌다. 1개 경보병 사단 병력은 7,000여 명으로 모두 5만여 명의 특수전 병력이 전진배치된 셈이다.

합동참모본부는 이에 따라 지난 4일 열린 전군 주요 지휘관회의 2부 토의과정에서 북한의 특수전 위협이 과거에 비해 높아졌다고 평가하고 이에 대한 대응 전력을 최우선적으로 확보키로 한 것으로 알려졌다. 북한이 보유한 특수부대는 총 18만여 명으로 세계 최대 규모다. 이는 우리 특수부대의 약 9배에 달하는 규모여서 북한 특수부대는 대표적인 비대칭 위협의 하나로 꼽힌다.

북한은 특수부대 외에도 우리보다 우위에 있는 여러 비대칭 위협 수단을 갖고 있다. 널리 알려진 핵·미사일·생화학무기 등 대량살상무기, 장사정포, 잠수함(정) 등이 북한의 대표적인 비대칭 위협들이다. 북한은 80년대 이후 이런 비대칭 위협에 집중적인 투자를 한 것으로 알려져 있다. 전차·전투기·함정 등 이른바 재래식 전력 건설에는 막대한 비용이 든다. 경제력 경쟁에서 도저히 남한을 따라올 수 없게 된 북한은 상대적으로 적은 비용으로 큰 효과를 가져올 수 있는 비대칭 위협 강화에 주력하게 된 것이다.

이런 북한의 전략 변화는 90년대 이후 북한 핵·미사일 위기 등이 큰 파장을 가져오고 있기 때문에 북한 입장에서는 '현명한' 선택을 한 것이라는 평가도 나온다.

특수부대를 동원한 게릴라전(침투·국지도발)도 북한에게는 탐나는 도발수단이 될 수 있다. 이라크전이나 아프가니스탄전에서 세계 최강의 미군이 반군이나 탈레반의 급조폭발물(IED) 공격에 고전하고 있는 사실은 북한에게도 자극제가 될 것이다. 천안함 침몰 사건을 계기로 '내가 북한군 수뇌부라면'이라는 인식 아래 북한의 도발에 대비하는 자세가 더욱 필요해졌다는 생각이다.

_《국방일보》, 2010년 5월 18일

NLL 위협과 무인 무기체계

지난 1월 말 북한군은 서해 백령도 및 대청도 인근 NLL(북방한계선) 해역에서 위협적인 포 사격훈련을 해 한때 국제적인 관심을 끌며 한반도 긴장지수를 한단계 끌어올렸다.

매년 이맘 때 북한군은 연례적인 동계훈련을 하며 해안포 사격훈련을 했지만 이번의 경우 종전과 다른 몇 가지 특징이 있다.

우선 처음으로 NLL을 직접 겨냥, NLL 가까이 포탄을 떨어뜨리는 사격을 했다는 것이다. 지금까지는 NLL에서 제법 떨어진 북측 수역에서 사격훈련이 이뤄졌다.

두 번째는 해안포는 물론 170mm 자주포, 240mm 방사포(다연장로켓) 등 각종 포를 동원해 350여 발을 퍼부으며 TOT(Time On Target) 사격을 했다는 점이다. 동시 탄착 사격으로 불리는 TOT 사격은 서로 떨어진 지역에서 사격할 경우에도 똑같은 시간대에 목표물 인근에 포탄이 떨어지도록 해야 하기 때문에 상당한 정밀성과 정확도를 요구한다. NLL 해역에서 이런 종류의 사격훈련이 이뤄진 것은 처음이라고 한다.

그동안 NLL 인근에서 작전 중인 우리 함정에게 북한 해안포는 지대함미사일과 함께 위협적인 존재였지만 정확도가 떨어지는 것으로 평가돼왔다.

그러나 이번 북한의 TOT 사격훈련처럼 투망이 던져지듯이 소나기처럼 쏟아지는 탄막 속에선 우리 함정의 안전을 장담하기 힘들게 됐다.

일부 전문가들은 그동안 세 차례의 서해 해전에서 패했거나 상당한 피해를 입은 북한군이 이번 사격도발을 통해 "(남한 해군은) 수상함정에서 압도적 우위에 있다고 NLL에서 마음 놓고 돌아다니지 말라. 우리에겐 이런 무기도 있다"는 메시지를 우리에게 전한 것이라고 지적한다.

그러면 우리는 이에 대해 어떻게 대응해야 할까? 우선 북한의 협박에 굴복하지 않는 굳건한 정신자세가 국가안보 정책결정자부터 군 수뇌부, 말단 병사에 이르기까지 요구된다.

필자는 이와 더불어 보다 우리 장병들의 안전을 확보할 수 있는 무기체계의 도입을 검토할 때가 됐다고 본다. 무인 무기체계의 도입이 그것이다.

우리 군은 이미 군단급 무인정찰기(UAV) 등 일부 무인 무기체계를 도입해 배치했다. NLL을 관할하는 서해 5개 도서지역에도 정찰용 UAV 배치 필요성이 거론된다.

보다 적극적으로 무인 전투정의 배치도 고려해볼 만하다. 이스라엘 라파엘 사가 개발한 무인 전투정 '프로텍터'는 기관총, 유탄 발사기, 각종 광학장비 등으로 무장하고 있다. 싱가포르 해군이 이미 도입해 활용 중이다. 보다 돈이 덜 드는 방법으로 기존 고속정 등에 원격조종 무장체계(RWS)를 장착하는 방법도 있을 것이다

_《국방일보》, 2010년 2월 16일

북한 핵실험과 핵우산

1945년 8월 6일 일본 히로시마 중심부에서는 일찍이 볼 수 없었던 거대한 버섯구름이 피어올랐다. 미군의 B-29 폭격기 '에놀라 게이'가 사상 처음으로 원자폭탄 '리틀 보이(Little Boy)'를 투하했던 것이다.

길이 3.05m, 직경 0.71m로 무게 4.01t이었던 '리틀 보이'는 고농축 우라늄탄으로 15kt(킬로톤)의 위력을 갖고 있었다. TNT 폭약 1만 5,000t이 폭발하는 것과 같은 엄청난 위력이었다.

이로 인해 히로시마에서는 13만 5,000여 명이 사망하는 등 엄청난 인명피해가 발생했다. 사흘 뒤인 8월 9일 나가사키에서도 거대한 버섯구름이 솟아올랐다. 길이 3.25m, 직경 1.52m로 무게 4.67t의 '팻 맨(Fat Man)'이 투하된 것이었다. 22kt의 위력을 갖는 플루토늄탄이었으며 6만 4,000여 명이 사망했다.

일본의 원폭 투하는 지금까지 가공할 핵무기가 사용된 처음이자 마지막 사례다. 가공할 파괴력을 서로 잘 알고 있기에 미국과 구소련이 냉전 시절에도 핵무기를 사용하지 않고 '공포의 균형'을 유지해왔다는 평가도 나온다. 그러나 대치 관계에 있는 두 국가가 쌍방 모두 핵무기를 갖고 있지 않고 어느 한 국가만 핵무기를 갖고 있다면 전력 불균형이라든지 안보 불안감 문제는 심각해질 것이다. 남북한이 지금 그런 상황이 됐다.

북한이 지난달 25일 제2차 핵실험을 전격적으로 실시하고 그 위력이 2~20kt에 이르는 것으로 추정돼 '부분적인 성공'이었던 1차 핵실험에 비해 성공적이었던 것으로 평가된다. 이제 북한의 핵무기 보유가 서류상의 추정이 아니라 냉엄한 현실이 된 것이다. 하지만 이에 대응할 수 있는 우리의 수단이나 방법은 매우 제한돼 있는 것이 현실이다. 이른바 '절대무기'인 핵무기에는 핵무기로 대응하는 것이 가장 효과적이기 때문이다.

그런 차원에서 한미 양국은 유사시 미국의 핵우산 제공 의지를 강력히 표명하고 오는 16일 한미 정상회담에서 이를 문서화하는 방안을 추진하고 있다고 한다. 지금까지는 한미 국방장관들이 참석한 가운데 열린 한미 연례안보협의회 공동성명을 통해 미국의 핵우산이 언급돼왔기 때문에 정상회담에서의 문서화는 상징적인 의미가 있는 것이다.

미국이 우리나라에 제공할 수 있는 핵우산은 메가톤(TNT폭약 100

만 상당)급 위력을 갖는 전략 핵무기보다 100~200kt 이하의 위력을 갖는 전술 핵무기가 주로 사용될 것으로 전망된다. 2002년 기준으로 미군의 전술 핵무기는 B-61 계열의 핵폭탄과 토마호크 크루즈 미사일 등 총 1,620발이었다.

그러나 한반도 비핵화 선언이 북한의 합의 위반으로 깨진 만큼 평화적인 핵이용을 전제로 재처리, 농축 기술을 보유, 핵연료 주기를 완성해야 한다는 목소리도 적지 않다. 북한의 핵실험과 비핵화 선언 파기를 계기로 우리의 원자력 주권 회복 문제에 대해 심각하게 생각해볼 때다.

_《국방일보》, 2009년 6월 4일

북한 지상군과 조인트 스타즈

1991년 1월 걸프전이 발발한 뒤 쿠웨이트 인근 사우디아라비아의 카프지에 80여 대의 이라크군 장갑차량과 병력이 은밀히 접근했다. 미군 등 연합군에게 회심의 일격을 가하기 위해서였다. 그러나 이 움직임은 걸프 지역에 긴급 배치된 미군의 최신예 지상감시 정찰기 E-8 조인트 스타즈(Joint Surveillance and Target Attack Radar System)에 의해 곧바로 포착됐다.

우리 말로 직역하면 '합동감시 및 목표공격 레이더 체계'로 표현되는 이 항공기는 공중조기경보통제기(AWACS)가 항공기 등 공중 목표물을 주로 탐지하는 데 비해, 지상의 목표물을 주 대상으로 한다는 점에서 차이가 있다. 당시 미 공군 전폭기 등 항공기들은 조인트 스타즈의 유도에 따라 맹폭을 가했고, 이라크군은 큰 타격을 입었다.

당시 조인트 스타즈는 개발이 완전히 끝나지 않은 상태였다. 그러나 미군 측은 이 정찰기의 효용성을 감안해 2대를 긴급투입했던 것이다. 이들은 총 49소티, 535시간 동안 스커드 미사일 발사대 추적 등에서 중요한 역할을 했다. 미국의 저명한 군사전문가 제임스 F. 더니건은 그의 명저 『How to Make War』에서 이에 대해 "역사상 처음으로 지휘관이 광범위한 지역에 있는 기계화부대를 실시간으로 보면서 통제할 수 있게 된 것"이라며 역사적인 의미를 평가했다.

조인트 스타즈가 정식으로 취역한 것은 지난 96년. 그 뒤 코소보 분쟁, 이라크전, 아프가니스탄전 등 주요 분쟁지역마다 출동해 활약을 했다. 조인트 스타즈는 2003년 이라크전 발발 이후에도 3만 5,000여 비행시간과 99%의 임무 성공률을 기록한 것으로 알려져 있다.

이런 조인트 스타즈는 우리나라와도 인연이 깊다. 전면전이 발발했을 경우 한반도나 한반도 인근지역으로 긴급 출동해 북한 기계화부대, 스커드·노동·KN-02 등 이동식 미사일, 북한 내 기지의 변화 등을 샅샅이 추적, 한·미 양국군에게 알려준다. 조인트 스타즈의 탐지범위는 200~500km에 달해 북한 대부분 지역을 커버할 수 있다.

이를 위해 평시에도 조인트 스타즈는 우리나라에 수시로 들어와 주한미군 등과 훈련을 해왔다. 하지만 은밀히 다녀가 대중 매체에 공개된 적이 없다. 필자는 한국 주요 언론 매체 기자로는 처음으로 지난달 오산기지를 찾은 이 정찰기를 단독 취재할 기회를 가졌다. 미래전의 핵심 키워드인 네트워크전에서 중추적인 역할을 하는 존

재임을 느낄 수 있었다.

막대한 예산이 부담이지만 공중조기경보통제기와 글로벌 호크, 그리고 조인트 스타즈가 차례로 도입된다면 독자적인 정보수집 및 지휘통제 능력은 획기적으로 향상될 것이다. 신임 김학송 국회 국방위원장도 최근 한 언론 인터뷰에서 조인트 스타즈의 도입 필요성을 강조했다. 중장기적으로 조인트 스타즈나 애스토(ASTOR) 같은 항공기의 도입을 전향적으로 검토해볼 때가 된 것 같다.

_《국방일보》, 2008년 9월 9일

● **CHAPTER 3**

안보의식과 민군관계,
군 인사·사기·복지

전쟁을 피하기 위해 정말 필요한 것

제2차 세계대전을 돌아볼 때 많은 사람들의 궁금증을 가장 많이 불러일으키는 것 중의 하나는 왜 독일보다 강력한 지상군 전력(戰力)을 가졌던 프랑스 등 연합군이 제대로 힘 한번 써보지 못하고 독일군에 허무하게 무너져 한 달 만에 프랑스가 항복했는가 하는 점이다.

개전 당시 공군력은 독일이 우위에 있었다. 반면 전차는 연합군이 3,000대로 독일(2,400대)보다 많았고, 야포도 1만 1,200문 대(對) 7,700문으로 연합군이 우위에 있었다. 독일의 승리에는 대규모 기계화부대와 급강하 폭격기 등 공군력을 효과적으로 결합시킨 이른바 전격전(電擊戰)이라는 새로운 작전 개념이 결정적인 역할을 한 것으로 알려져 있다.

하지만 지도자와 국민들의 전의(戰意)와 사기 등 눈에 잘 보이지 않는 변수도 프랑스를 비롯한 연합군의 참패에 큰 영향을 끼쳤다는 전문가들의 평가도 적지 않다. 독일의 프랑스 침공 전 영국의 체임벌린 수상은 독일의 체코 침공을 눈감아주는 등 영국과 프랑스의 외교는 전쟁을 피한다는 명분 아래 잇단 협상을 통해 독일에 양보를 거듭했다. 그러나 이는 히틀러의 야심을 더 키워주는 결과만 초래했다.

정치·사회적으로도 분열돼 정권이 자주 교체되는 상황이었다. 독일의 선전전(戰)으로 최전방의 프랑스 병사들 사이엔 독일군이 '사악하지 않은 친구'로까지 통하게 됐다고 한다. 최고 지휘관의 소극성도 문제였다. 당시 프랑스 육군 최고사령관 가믈랭 장군은 월등한 전력을 가진 독일 공군의 보복 공격을 두려워해 독일군 집결지에 대한 연합군 공군의 공습을 허용하지 않고 공군의 활동을 요격과 정찰에만 국한시켰다.

전쟁을 두려워하고 피하기 위해 소극적인 태도로만 일관할 경우 어떤 결과가 초래되는지 보여주는 좋은 사례다. 반대로 전쟁의 위협에 정면으로 맞서 싸웠을 경우 어떻게 됐는지를 보여주는 사례들도 우리 가까이에서 찾아볼 수 있다.

1976년 도끼만행사건 때 한·미 양국군은 사건의 발단이 된 미루나무 절단작전을 펼치면서 북한군이 공격해올 경우 개성 인근까지 진격해 보복한다는 작전을 세웠다. B-52 폭격기와 공격용 헬기 등을 현장 인근 상공에 투입해 대규모 무력시위도 벌였다. 요즘 분위기 같으면 전면전 확전(擴戰)이 우려된다며 난리가 벌어질 법한 조치였다. 그러나 북한군은 조용히 지켜보기만 했고 김일성은 뒤에 이 사건에 대해 유감을 표시, 이례적으로 사실상 사과까지 했다. 1999

년 연평해전 때 북한 경비정들의 잇단 NLL 침범에 대해 우리 해군은 무력 충돌을 각오하고 고속정들이 '몸'으로 부딪치는 밀어내기 작전을 폈다. 북한군의 선제사격에 대해선 몇 배로 총·포탄을 쏟아부으며 응사(應射), 2척의 북한 함정을 격침시켰지만 더 이상 확전되지는 않았다.

북한의 핵실험 이후 정치권이나 사회 일각에서 "전쟁이냐, 평화냐 양자 택일하라", "그러면 전쟁을 하자는 것이냐"는 말들이 자주 나오고 있다. 노무현(盧武鉉) 대통령은 지난 2일 북핵 문제 해결 전략과 관련, "어떤 가치도 평화 위에 두지 않을 것"이라며 "평화를 최고의 가치에 두고 관계를 관리해나가면 우리는 평화가 깨지는 일이 없도록 충분히 관리해나갈 수 있다"고 말했다. 당연하고 좋은 말씀이다.

하지만 이렇게 말씀하시는 분들이 새겨둬야 할 격언이 하나 있다. "전쟁은 전쟁을 준비하는 자를 피해가고, 전쟁을 두려워하는 자에게는 달려든다."

_《조선일보》, 2006년 11월 4일

전시^{戰時}엔 무능한 군 지휘관들

"2차 폭발이 일어났음에도 불구하고 놀라기는커녕 규칙적이고 태연한 거동은 그 어떤 각본에 따라 연기하는 세련된 배우들을 연상케 한다."

북한 국방위가 지난 14일 최근 DMZ(비무장지대) 지뢰 도발 사건이 우리 측의 '자작극'이라고 주장하면서 담화를 통해 밝힌 내용이다. 우리 군(軍) 감시 장비에 찍힌 지뢰 폭발 당시 영상에서 수색대원들이 너무나 신속하고 차분하게 대응한 데 대해 의문을 제기하는 대목이다. 바꿔 말하면 북한군 수뇌부도 믿기 어려울 정도로 우리 수색대원들이 침착하게 대응을 잘했다는 얘기가 된다.

이번 지뢰 매설 사건에서 부상 장병과 수색대원들이 보여준 언행 (言行)에 대한 국민들의 반응은 뜨겁다. 북한의 도발이 있을 때마다 군에 대한 호된 질타가 주로 이뤄졌던 과거와는 달라진 모습이다. 여론의 비판과 비난을 걱정했던 군 수뇌부도 고무된 분위기다. 북한의 도발에 대해 여당은 물론 야당도 함께 비판하고 나서고 천안함 폭침 사건 때에 비해 괴담(怪談)이 훨씬 적은 것은 분명 바람직한 변화다.

하지만 우려할 만한 기류도 형성되고 있는 듯하다. 군 수뇌부 등 지휘관들은 북한의 도발에 대해 물러터진 대응을 하고 한심한 부분이 적지 않지만 병사들은 믿을 만하고 잘한다는 일각의 인식이 그것이다. 이런 인식은 2010년 11월 연평도 포격 도발 때도 나타났다. 당시 대응에 대해 "맨 밑 단위(부대)에선 잘했지만 위로 올라갈수록 잘못한 강도(强度)가 커졌다"는 얘기가 떠돌았다. 당시 청와대와 군 수뇌부는 초유의 북한 고강도 도발에 대해 난맥상을 드러냈다.

문제는 '브레이크 없는 벤츠'와 같은 김정은으로 인해 한반도 안보의 불안정성이 커지고 위기 상황이 생길 가능성이 높아지고 있다는 것이다. 훌륭한 지휘관을 비롯한 군 리더십이 더욱 중요해지는 이유다. 2차 세계대전 때인 1944년 미군 당국이 참전 경험이 있는 예비역 미군 보병 용사 600명을 대상으로 "격렬한 전투 때 어떤 장교가 가장 여러분에게 신뢰감을 줬는가"라고 물어봤다. 그 결과 '위험 속에서도 용감하고 침착하게 모범을 보인 장교'라고 답한 사람이 31%로 가장 많았다. 이어 '용기를 북돋워주고 대화를 유도하며 농담을 한 장교'가 26%, '병사들의 복지와 안전에 관심을 보여준 장교'가 23%를 차지했다. 일본 방위청 시설청장을 역임한 위기관리 전문가 사사 아쓰유키는 그의 저서『평상시의 지휘관, 유사시의 지휘관』에서 지휘관이 알아야 할 열 가지 수칙(守則)으로 손자병법, '나를 따르라(Follow Me)', 인내력, 벌거벗은 임금님이 되지 마라, 꾸중보다 칭찬, 인간애, 물욕(物慾)의 자제 등을 들고 있다.

　군에서 뛰어난 리더십은 전투나 전투 준비 태세에서 오는 스트레스에도 불구하고 조직을 단결시켜주는 접착제와 같다. 이런 리더십은 보통 때는 위축돼 드러나지 않는 경우가 많다. 전시戰時에 무능한 군 지휘관들이 평시平時에는 유능한 지휘관으로 높이 존경을 받았던 경우도 적지 않았다.

　다음 달 합참의장, 육·공군 참모총장 등 대규모 군 수뇌부 인사를 앞두고 군이 술렁이고 있다. 청와대와 한민구 국방장관은 급변하는 한반도 및 동북아 안보정세를 고려해 군 안팎의 실망과 우려를 불식시킬 수 있는 인사를 하기를 기대한다.

_《조선일보》, 2015년 8월 19일

위기 맞은 군軍 수뇌부 리더십

『아메리칸 제너럴십(AMERICAN GENERALSHIP)』이란 책을 10여 년 만에 다시 읽어봤다. 미국의 저명한 리더십 저술가 에드거 F. 퍼이어가 성공한 미군 장성들의 리더십을 심층 분석한 책이다. 우리와는 군대 문화와 사회 환경이 다른 미군을 대상으로 한 것이지만 그 조사 대상의 방대함은 동서고금 어떤 군대에도 통용될 결론을 제시하고 있다. 퍼이어는 100여 명의 대장급 장군과는 직접 인터뷰했고, 1,000여 명에 달하는 여단장급 이상 장군과는 개인 인터뷰 및 서신 교환 등을 해서 군(軍) 리더십을 낱낱이 파헤쳤다. 그 결과 그는 탁월한 군사 지도자 리더십의 요체는 리더의 훌륭한 인격이라고 결론지었다. 퍼이어는 이어 훌륭한 인격은 자기 헌신, 책임감, 직감, '예스맨'에 대한 반감, 독서를 통한 자기 계발, 의사소통, 부하에 대한 관심과 배려, 권한 위임 등 개인의 자질과 특성이 어우러진 총체적인 모습이라고 정리했다.

이 책을 다시 펴 든 것은 지난해 이후 우리 군 수뇌부가 군내 사건이나 구설로 낙마하거나 상처를 입는 일이 잇따르고 있기 때문이다. 지난해 여름 육군 28사단 윤모 일병 폭행 사망 사건 이후 육군참모총장이 사실상 경질됐다. 해군참모총장은 통영함 비리 의혹 연루설로 재임 내내 시달리다가 올 들어 퇴임 직후 구속됐다. 공군참모총장은 예산 집행 관리 감독 소홀 등으로 국방부 감사를 받고 엄중 경고를 받았다. 합참의장은 해군참모총장 재임 시절 부하가 해상 작전 헬기 도입 의혹과 관련해 구속되면서 일각의 눈총을 받고 있다. 1년도 안 되는 기간 동안에 최고위급 군 수뇌부 거의 모두가 상처를 입은 것은 유례를 찾기 힘든 일이다.

현재 군(軍)은 리더십이라는 '소프트웨어'뿐 아니라 무기 도입이라는 '하드웨어'에서도 위기를 맞고 있다. 지난해 말 이후 방위사업비리 수사가 200여 일 동안 계속되면서 전직 해군참모총장 2명 등 51명이 재판에 넘겨졌다. 국민이 더 이상 군의 발표나 설명을 믿지 않으려는 신뢰의 위기도 계속되고 있다. 언론에 자주 등장하는 국방부 관계자가 방송에 나오면 "또 변명이나 사실과 다른 얘기를 늘어놓는다"며 채널을 돌리는 사람이 늘고 있다고 한다. 신무기가 공개돼도 인터넷에는 "여기엔 비리 없나"라며 비아냥거리는 댓글이 달리기 일쑤다.

군은 군대로 정치권력과 사법 당국, 언론, 여론에 대한 불만의 강도(强度)가 높아지고 있다. 흠집 내기 여론몰이에 휩쓸려 군 수뇌부를 계속 갈아 치운다면 어느 나라 군대가 살아남을 수 있겠느냐는 것이다. 최근 방위사업비리 수사의 몇몇 사례에서 뇌물 수수가 확인되지 않았는데도 정책적인 판단 등을 문제 삼아 구속까지 하는 것은 지나치다는 지적도 나온다. 많은 직업군인이 군은 사기를 먹고 사는 집단인데 군 전체가 매도되고 있어 일할 의욕을 잃는다고도 말한다.

이유야 어찌 됐든 우리 군이 '내우외환(內憂外患)'으로 무력화되고 있는 사이 북한은 도발 위협의 수위를 높이고 있다. 이에 대비해 전열(戰列)을 정비해야 할 시기에 군이 사실상 무력화돼 위기 사태에 제대로 대처할 수 없게 된다면 결국 그 피해는 고스란히 국민이 입게 된다. 그리고 그로 말미암은 화살은 군통수권자인 박근혜 대통령을 향할 수밖에 없을 것이다.

_《조선일보》, 2015년 6월 10일

오충현 대령, 교과서에 싣자

"목숨을 걸고 비행하는 사람을 남들과 같이 평가한다면 떠날 수밖에 없다."

"국가와 민족을 위해 자신을 던졌을 때 국가가 최소한 가족을 지켜줄 것이라는 믿음을 줘야 하지 않을까?"

지난 2009년 11월 국회에서 공군 조종사 조기 전역(轉役) 문제를 주제로 열린 세미나에서 소개된 조종사들의 애끓는 육성(肉聲)이다. 당시 세미나는 매년 조종사 110여 명이 조기 전역해 공군 전력(戰力)에 심각한 차질이 초래됨에 따라 이에 대한 대책을 허심탄회하게 논의하기 위해 열렸다.

이 세미나에선 특히 조종사 874명, 조종사 가족 403명, 일반 장교 333명 등을 대상으로 실시된 설문조사 결과가 소개돼 눈길을 끌었다. 조종사와 가족들은 "조종사를 도구로만 인식한다면 전역 지원은 가속화할 것이다"라는 등 솔직한 속내를 털어놨다. 조종사들은 조기 전역 이유로 '과도한 근무시간과 스트레스'(24.1%), '대령 진급 미보장'(20.4%) 등을 꼽았다.

공군 조종사들의 위험한 근무 실태를 보면 이런 불만이 근거 없는 푸념이 아님을 알 수 있다. 최근 20년간 공군 조종사 52명이 추락 사고로 순직했다. 사관학교 동기(同期)생 중 평균 2.5명씩 사망한 것이다. 육군이나 해군에 비해 훨씬 높은 사망률이다. 공군은 조종사들의 조기 전역을 막기 위해 매월 장려 수당 100만 원을 지급하는 등 안간힘을 쓰고 있지만 지금도 조기 전역 문제는 완전히 해결되지 않고 있다.

2010년 3월 후배 조종사의 비행훈련을 돕기 위해 F-5F 전투기에 동승했다가 추락 사고로 순직한 고(故) 오충현 대령의 일기는 이런 현실 때문에 더욱 고개가 숙여진다. 오 대령이 1992년 12월 동료 조종사의 장례식에 참석한 후 쓴 이 일기는 최근 그 내용이 본지를 통해 알려진 뒤 군인들은 물론 국민에게도 깊은 감동을 주고 있다. 그는 일기에서 만약 자신이 순직할 경우 가족이 담담하고 절제된 행동을 해서 군인으로서 명예를 지켜줄 것을 부탁했다. 또 보상문제로 대의(大義)를 그르치지 말 것을 당부하면서 "군인은 오로지 충성만을 생각해야 한다. 비록 세상이 변하고 타락한다 해도 군인은 조국을 위해 언제 어디서든 기꺼이 희생할 수 있어야 한다"고 썼다. 이명박 대통령도 지난 국군의 날 행사 기념사에서 "오 대령의 일기를 읽고 눈물을 흘렸다"면서 고인을 추모했다.

충성과 희생은 동서고금을 통해 군인들에게 요구돼온 덕목이다. 터키 건국의 아버지인 무스타파 케말 아타튀르크는 저서『장교와 지휘관에 대한 성찰』에서 '장교가 갖춰야 할 최우선의, 그리고 가장 특별한 자질은 극도의 헌신·용기·극기·자기희생 정신'이라고 썼다. 그러나 이를 실천하기는 말처럼 쉬운 일이 아닌 것이 현실이다.

최근 군내에선 장병 정신교육 시간 등에 고 오충현 대령 사례를 인용하는 경우가 늘고 있다. 이제 그의 숭고한 희생정신은 교과서에도 실려 자라나는 세대에게 우리나라에도 그처럼 묵묵히 군인정신을 실천한 참군인이 있었음을 가르쳐야 한다.

_《조선일보》, 2012년 11월 16일

김장수 장관과 '예스맨'

"(나는 대통령에게) 우리가 다음 전쟁에서 패배해 한 미국 청년이 적의 총검에 찔려 진흙에 누워 있고, 죽어가는 청년의 목을 적이 발로 밟았을 때, 청년이 마지막 저주의 말을 내뱉게 된다면 그 내뱉게 될 말은 '맥아더'가 아닌 '루스벨트'라는 이름이 될 것이라고 말했다. 대통령의 얼굴은 창백하다 못해 잿빛으로 변했다. 이 순간 나의 군 생활이 끝났음을 느꼈고 대통령에게 참모총장 직책을 사임하겠다고 말했다."

인천상륙작전의 주역 맥아더 장군이 참모총장 시절 당시 루스벨트 대통령에게 쓴소리를 한 뒤 모든 것을 포기하고 사의를 표명했을 때를 회고한 대목이다. 1933년 루스벨트가 육군 예산 삭감을 추진하자 맥아더는 직(職)을 걸고 대통령에게 반기를 들었다. 당시 루스벨트는 맥아더에게 "당신은 대통령에게 그렇게 대들면 안 되지 않소"라는 얘기까지 했다고 한다.

그러나 결과는 맥아더의 예상과는 정반대였다. 그는 루스벨트로부터 충분한 예산지원을 약속받았고 그 뒤에도 루스벨트가 각종 정책에 대해 허물없이 의견을 구하는 관계가 됐다.

미군 장군 가운데엔 맥아더처럼 한때 대통령을 비롯한 상관에게 고분고분하지 않아 위기를 겪었지만 결국 대성(大成)한 사람들이 적지 않다. 미 역사상 가장 위대한 장군 중 한 사람으로 꼽히는 조지 마셜(국무·국방장관 역임)도 루스벨트에게 '예스맨(yes-man)'이 아니었지만 중용(重用)됐다.

합참의장과 국무장관을 역임한 콜린 파월이 준장 시절 그의 사단장인 존 후드첵 소장에게 부대 운용상의 문제점에 대해 이의를 제기하자 사단장은 파월에 관해 형편없는 근무평가서를 작성했다. 파월은 이 보고서로 인해 그의 군생활이 끝났다고 생각했으나 오히려 당시 육군참모총장이던 샤이마이어에 의해 소장으로 진급할 수 있었다.

100여 명의 대장급 장성들과 1,000여 명의 여단장급 이상 장성들에 대한 각종 자료를 집대성해 미군 장성들의 리더십을 심층 분석한 『아메리칸 제너럴십(American Generalship)』의 저자 에드거 퍼이어는 "미국에서 성공한 대부분의 군 지도자들은 의사결정 과정에서 반대의견을 자유롭게 제기하는 부하들이 있었다"며 "최고의 군 지도자들은 부하들의 이러한 소신을 받아들였다"고 지적했다. 본인들이 예스맨이 아닌 경우가 많았을뿐더러 부하들도 비(非)예스맨을

두고 이들의 고언(苦言)을 받아들였다는 얘기다. 걸프전의 영웅 슈워츠코프 장군은 "우리가 가장 경계해야 할 것은 바로 '예스맨 무리'들"이라고까지 말했다.

김장수 국방장관의 언행과 소신이 화제다. 지난 10월 남북 정상회담에서 김정일 국방위원장에게 고개를 숙이지 않고 꼿꼿이 인사를 한 것에서부터 최근 국방장관 회담에서 서해 북방한계선(NLL)을 지켜낸 것 등에 대해 찬사가 이어지고 있는 것이다. 야당 의원이 김 장관을 치켜세우는 성명을 발표하기까지 했다. 지난 93년 이른바 문민정부 출범 이후 10여 년간 군 수뇌부가 온갖 비리나 저지르고 권력 핵심부의 눈치나 보는 존재로 국민들의 눈에 비쳐 곤욕을 치러왔던 것에 비춰볼 때 참으로 이례적인 현상이다.

김 장관을 둘러싼 세간의 반응과 평가는 그동안 우리 국민들이 군 수뇌부에 대해 어떤 인식과 평가를 갖고 있었고 무엇을 기대해왔는가를 상징적으로 보여주고 있다. 현 군 수뇌부는 물론 앞으로 군 수뇌부가 되고자 하는 직업군인들도 이런 현실을 겸허하게 받아들이고 큰 교훈으로 삼아야 할 것이다.

_《조선일보》, 2007년 12월 3일

윤 하사 죽음을 헛되이 않으려면

"사랑하는 당신! 오늘도 당신이 그립습니다."

지난해 12월 말 쿠웨이트에서 자이툰부대와 동맹군 지원임무를 맡고 있는 공군 수송지원단인 다이만부대를 취재 갔다가 부대 식당에 이런 내용의 플래카드가 걸려 있는 것을 보고 가슴이 뭉클했던 적이 있다.

사방을 둘러봐도 모래밖에 보이지 않는 이역만리에서 생활하면서 더욱 절절해지는 부대원들의 가족 생각을 담아 플래카드로 걸어놓은 것이다. 다이만부대 고위 관계자는 "이곳에서의 생활은 '입산수도(入山修道)'가 아니라 '입사수도(入沙修道)'라는 말이 나올 정도로 스트레스 받는 일이 많다"고 말했다. 부대 측은 전장(戰場) 스트레스로 인한 사고가 발생하지 않도록 갖가지 아이디어를 짜내고 있었다.

전장 스트레스는 장병들이 긴장도가 높은 전투지역에서 생활하면서 겪는 정신적 장애다. 보통 3개월이 지나면 매우 답답해하거나 사소한 일에도 화를 내 총기 사고 등으로 이어질 수 있기 때문에 해외 파병부대 지휘관들에겐 공포의 대상이 된다. 전장 스트레스는 비단 다이만부대뿐 아니라 이라크 북부 아르빌에 주둔하고 있는 자이툰부대나, 이번에 폭탄테러로 사망한 고 윤장호 하사가 근무한 아프가니스탄 동의·다산부대 등 8개 지역에서 활동 중인 2,500여 명의 해외파병 한국군들이 똑같이 겪을 수밖에 없는 것이다.

그러면 왜 이런 어려움을 겪고 윤 하사의 전사와 같은 희생을 치러가면서 해외에 우리 군을 내보내야 할까? 넓게 보면 한미동맹 등 우방국과의 동맹관계, 세계 10대 경제대국의 지위와 반기문 유엔사무총장 배출 등 국제적 위상에 걸맞은 국제 역할 확대 등을 그 이유로 들 수 있을 것이다.

시야를 좁혀서 군사적인 측면에서만 보더라도 실익(實益)이 많다고 군사 전문가들은 말한다. 우선 우리 군의 병력과 장비를 먼 곳에 보내서 유지·관리하는 경험을 갖게 된다는 것이다. 지난 99년 10월 동티모르에 상록수부대 선발대가 파견돼 1주일여 동안 함께 생활하면서 우리 군이 본부와의 통신에 어려움을 겪는 것을 가까이서 지켜본 적이 있다. 반면 해외파병 경험이 많은 호주군은 작지만 효율적인 시스템으로 본토(本土)와 24시간 통신체제를 유지하는 것을 보면서 '이런 것이 바로 파병 노하우구나' 하고 느꼈다.

2004년 9월 자이툰부대가 '파발마 작전'을 통해 수많은 장비를 아르빌까지 이동시킨 뒤 지금까지 2,300~3,600여 명의 병력을 유지하는 것도 창군 이래 처음 갖는 소중한 경험이다. 우리가 언제 1,000명이 넘는 병력과 수백대의 장비를 1만 km 떨어진 곳까지 우리 힘으로 수송하고 먹이고 재운 적이 있었는가? 이런 노하우와 능력은 어느 우방국도 잘 가르쳐주지 않기 때문에 직접 시행착오를 겪으며 배울 수밖에 없고, 유사시 외국에서 활동 중인 우리 국민들이 위난(危難)에 처했을 때 우리 손으로 구출할 수 있는 길을 열어주는 것이다.

윤 하사의 전사를 계기로 일각에선 이라크와 아프가니스탄에서 조기철군해야 한다는 주장이 제기돼 논란이 일고 있다. 물론 파병에 따른 위험 부담과 희생을 최소화하는 데 최우선 순위가 두어져야 할 것이다. 하지만 테러 위협에 굴복하지 않고 해외파병의 장점을 살려가는 것이 5일 애도 속에 대전 국립현충원에 안장된 고인의 죽음을 헛되이 하지 않는 길이 아닐까.

_《조선일보》, 2007년 3월 6일

청와대 더 쳐다보게 만든 군軍 인사

준장 및 소장급 군 장성 정기인사 발표를 하루 앞둔 지난 2일 오후 국방부와 합참, 육해공 각군본부 등에 비상이 걸렸다. 3일로 예정된 정기인사가 명확한 배경설명 없이 며칠 연기될 것이라는 비공식 브리핑이 있었기 때문이다.

장성 진급 발표가 갑자기 미뤄진 것은 거의 전례가 없는 일. 수많은 장성·장교들이 누가 진급하느냐에 촉각을 곤두세우고 있던 터라 군내의 의혹과 혼란도 그만큼 커졌다. "청와대 검증과정에서 진급 예정자 중 모 공군준장과 육군대령에게서 문제가 발견돼 늦춰졌다"는 등 갖가지 추측이 나돌았다. 일부에선 "청와대가 충분한 검증시간을 가졌는데 뒤늦게 문제를 발견했다는 것은 납득이 되지 않는다. 길들이기 차원 아니냐"는 볼멘소리도 나왔다. 청와대에서 지난해보다 길게 2주 이상 장성 진급 후보자 검증을 한 것으로 알려졌기 때문에 나온 얘기다.

이 같은 혼란은 3일 낮 예정대로 군 인사 발표가 이뤄져 해프닝으로 끝났다. 전례 없는 해프닝의 원인에 대해 "대통령 재가 일정을 잡지 못해 그렇게 됐다"는 설명도 나오고 있으나 석연치 않은 대목이 적지 않다는 평가다.

1993년 YS 정부 출범 이후 군 중장급 이상 고위장성 인사를 제외한 준·소장급 인사에서 검증기능은 기무사 등 군 내부 시스템에 많이 위임해왔다. 하지만 현 정부 들어 준·소장급 이하 하위장성 인사에도 청와대가 보다 객관적이고 철저한 검증을 하겠다는 명분 아래 공식적으로 개입하고 있다. 문제는 청와대가 비리나 도덕성 등에 대한 검증기능뿐 아니라 '코드'에 대한 검증까지 하고 일부는 구미(口味)에 맞는 인사를 명단에 밀어넣어 진급시키고 있지 않으냐는 의문이 군내에서 제기되고 있는 것이다. 한 장성은 "기본적으로 장성 인사권은 대통령이 행사하도록 돼 있다"며 "하지만 과거에 비해 청와대의 개입 정도가 지나치다는 의견이 늘고 있다"고 말했다.

지난 1일 김장수(육사 27기) 전 육군참모총장의 국방장관 발탁으로 시작돼 15일 마무리된 대규모 군 수뇌부 인사가 이어지는 파격 속에 여러 뒷말을 낳고 있다. 이번 인사로 '지휘관 임기보장' 원칙이 깨진 상태에서 새로 짜인 군 수뇌부가 과연 얼마나 청와대의 눈치를 보지 않고 소신 있게 국방안보 정책을 펼 수 있겠느냐는 것이다. 이번에 교체된 이상희 합참의장과 김장수 국방장관 후보자, 남해일 해군참모총장 등은 잔여임기를 4개월여 남겨놓고 자리를 떠나게 됐다. 더구나 올 여름부터 이 합참의장 등 일부 코드에 맞지 않는 군

인사를 조기 교체하기 위해 올 가을 군 수뇌 물갈이 인사가 이뤄질 것이라는 소문이 돌던 터였다.

　이런 일련의 인사 과정 때문에 군내에선 "이제 야전 지휘관들도 군 수뇌나 직속 상관보다는 청와대를 더욱 쳐다보게 됐다"는 말들이 공공연히 나돌고 있다. 직업군인들이 본연의 자세나 임무보다는 청와대의 의중(意中)을 더욱 의식할 때 그 결과는 결국 국가안보 훼손으로 이어질 수밖에 없을 것이다. 그런 점에서 17일 전역한 이 합참의장이 지난 15일 한 행사에서 "현재 우리 군이 과연 전문성을 가지고 있느냐. 그런 인사제도가 운영되고 있느냐"고 던진 질문은 많은 여운을 남겨준다.

_《조선일보》, 2006년 11월 18일

안보분야 신뢰까지 흔들리면…

"중국과 북한이 미국의 태평양 함대와 한국의 해군을 동시에 괴멸시킬 절호의 찬스가 온 것입니다. 중국과 북한이 대우조선의 잠수함 기밀을 빼내기 위해 얼마나 베팅(betting)할 수 있을까요?" 한 포털 사이트에서 네티즌들이 청원을 하는 코너에 지난 10일 "대우조선해양 중국 매각을 반대합니다"라는 제목으로 올라온 글이다. 대우조선해양의 매각 주관사로 골드만삭스가 선정된 것과 관련, 중국 조선소에 투자 지분을 갖고 있는 골드만삭스가 중국에 잠수함 및 조선 핵심 기술을 유출할 수 있다는 우려를 제기하는 내용이다.

이 글은 사흘 만에 온라인 서명자가 1만 명을 넘어섰다. 포털 사이트 등에선 골드만삭스 계열사 대표가 이명박 대통령과 인척 관계라는 점을 들어 이 대통령의 안보관을 의심하며 극단적인 비방을 퍼붓는 경우도 적지 않다. "쇠고기 광우병 파동에 이어 이제는 이 대통령이 국가안보마저 팔아먹으려 한다"는 글들도 퍼져나가고 있다.

이런 주장은 대우조선해양이 건조한 우리 해군의 주력 209급(級) 잠수함들이 과거 미 해군 등과 함께 벌인 환태평양훈련(RIMPAC)에서 미국 항공모함이나 이지스함 등을 격침하는 데 성공한 '전과(戰果)'와 맞물려 확산되고 있다. 중국이 이렇게 우수한 잠수함 기술을 파악하려고 필사적인 노력을 기울여왔기 때문에 기술이 유출될 가능성이 크다는 것이다.

관련 기관은 이에 대해 "말이 안 되는 얘기다. 방산 기술이 해외에 유출되는 일은 절대 없을 것"이라는 원론적인 입장만 비공식적으로 밝히고 있을 뿐 적극적인 해명은 하고 있지 않다. 때문에 구체적이고 납득할 만한 설명이 없으면 잘못된 얘기가 진실인 것처럼 퍼질 수 있다는 우려가 나오고 있다.

최근 불거진 미국의 장거리 고(高)고도 정찰기 글로벌 호크(Global Hawk) 도입 문제도 이 대통령의 안보관에 대한 신뢰를 흔들고 있다. 글로벌 호크는 노무현 정부 시절 전시작전통제권의 한국군 전환에 대비해 최우선 사업으로 도입을 추진했으나 미국은 이런저런 이유로 난색을 표했다. 그러던 것이 이명박 정부 들어 미측이 '판매 허용' 쪽으로 입장을 바꿨으나, 이제는 우리 쪽에서 예산 문제 등을 들어 구매에 소극적으로 돌아선 것으로 알려졌다.

국방부나 방위사업청에선 이에 대해 구체적인 배경 설명을 하지 않고 있어 의문을 증폭시키고 있고, 온라인에선 "국방 문제에 있어 이 대통령이 노 전 대통령보다 소극적"이라는 비판이 어느 정도 먹

혀드는 양상도 보이고 있다.

안보 전문가들은 앞으로도 국방안보 문제와 관련해 이 대통령에게 악재(惡材)가 될 일들이 적지 않을 것이라고 전망한다. 노 전 대통령의 역점사업이었던 '국방개혁 2020'이 대표적인 예다. 정부는 2020년까지 병력을 줄이고 첨단 미래군으로 탈바꿈시키겠다는 이 계획에 총 621조 원의 국방비를 투자할 계획이었다. 그러나 이는 매년 7%대의 경제성장을 전제로 한 것이어서 수정이 불가피, 앞으로 국방비 삭감 및 일부 무기 도입 사업의 취소·연기가 이뤄질 가능성이 높다.

이 대통령은 취임 전부터 국방안보 분야를 각별히 챙기며 노 전 대통령과 차별화된 안보관을 보여주려 노력해왔다. 그러나 최근 벌어지는 일련의 현상들은 이 대통령의 노력을 상당히 희석시키고 있는 듯하다. 안보 분야에서 이 대통령에 대한 신뢰에 크게 금이 갈지 모를 사태에 대해 정부는 적극적으로 대처해야 할 것이다.

_《조선일보》, 2008년 5월 15일

군軍 통수권자인 박 대통령께

저는 《조선일보》에서 국방부를 21년째 담당하고 있는 유용원입니다. 올해는 세월호 참사를 비롯, 국가적으로 어려운 일이 많았습니다. 특히 올 들어 가장 망가지고 추락한 집단이 군(軍)이라는 얘기가 나올 정도로 군 관련 문제가 많이 터져 나왔습니다. 한 해를 마무리하면서 군을 비교적 오랫동안 담당해온 기자로서 군 통수권자이신 대통령께 드리고 싶은 말씀이 있어 펜을 들었습니다.

많은 국민은 요즘 우리 군에 대해 "이런 군대에 안심하고 자식을 보내고 국가안보를 믿고 맡길 수 있나"라며 극도의 불신감을 나타내고 있습니다. 반면 직업군인이나 방산업체 종사자들은 "일부의 문제를 갖고 전체를 너무 매도하니 그만두고 싶은 생각뿐"이라는 불만을 토로합니다. 10여 년 전 군이 대형 사건으로 강한 질타를 받았을 때 군 수뇌부가 사석에서 "이렇게 군대를 망가뜨린 뒤 전쟁이 나면 네 자식 죽지 내 자식 죽느냐"라며 섬뜩하게 힐난했던 일이 떠오르는 때입니다.

국민과 군의 괴리가 커지고 있는 안타까운 현실을 보면서 몇 가지 의견을 말씀드리고자 합니다. 우선 병영 문화 개선 문제입니다. 윤모 일병 폭행사망 사건 이후 민·관·군 병영문화혁신위가 구성돼 여러 대책을 이달 중 발표할 예정입니다. 병사들에게 초점이 맞춰진 대책 외에 초급간부(장교·부사관)들에 대한 특단의 대책도 필요하다고 봅니다. 초급간부는 군내 사건·사고 예방과 전투력 유지에 가장 중요합니다. 하지만 육군 초급간부 중 지난 12년간 매년 20명 안팎이 자살하고, 총 1,368명이 근무지를 무단이탈한 것이 우리 군의 충격적인 현실입니다. 초급간부가 무너진 군대는 '사상누각(沙上樓閣)'과 같습니다.

　둘째는 방위사업 비리 문제입니다. 최근 사상 최대 규모로 검찰 합수부와 감사원 특감단이 출범했습니다. 이번에는 그동안 밝혀내지 못했던 적폐(積弊)를 발본색원할 수 있을 것이라는 기대가 크지만 우려도 적지 않습니다. 규모가 큰 만큼 수사팀이나 감사팀의 성과에 대한 부담감이 커 부작용이 생길 수 있다는 것입니다. 한국형 전투기(KFX) 사업 등 주요 무기사업 결정이 6개월 이상 지연돼 군 전력 증강 계획에 차질이 빚어질 것으로 예상하는 사람도 많습니다. 단순히 비리 수사에 그치지 말고 근본 대책을 포함한 시스템 개선까지 이어지도록 해야 한다는 소리도 나옵니다.

　끝으로 한국군의 환골탈태(換骨奪胎)는 더 이상 늦출 수 없는 시급한 과제라는 인식을 가져주셨으면 합니다. 급변하는 한반도와 동북아의 안보 환경으로 인해 한국군은 중대한 전환기를 맞고 있지만 이에 능동적으로 대처하지 못하고 있습니다. 미래에 대한 준비를 소홀히 한 군대와 국가가 얼마나 비극적인 결과에 직면할 수 있는가는 2차 세계대전 등 역사가 증명하고 있습니다. 현재 우리 군은 통수권자의 국정 철학을 받들어 '창조국방'을 강조하고 있지만 민·군 상호간 기술이전 수준을 벗어나지 못하는 듯합니다. 진정한 창조국방은 새로운 전술과 기술의 융합, 새로운 철학과 전략, 예산의 뒷받침이 없이는 실현될 수 없다고 생각합니다. 지금과 같은 상태라면 한국군은 몇 년 내로 더욱 병들고 무너지는 모습을 보일 가능성이 큽니다.

_《조선일보》, 2014년 12월 2일

부상 장병 예우 없이 국방國防도 없다

"국가를 위해서 헌신하다가 다친 장병들에 대해서 국가가 끝까지 책임지겠다는 것은 우리 국가의 당연한 도리이고, 국방부는 지금까지 이러한 기본 입장에 변함이 없습니다."

지난 9일 국방부 고위 관계자는 정례 브리핑에서 기자들에게 이렇게 말했다. 지난해 비무장지대(DMZ) 지뢰 사고로 다친 곽모 중사와, 지난 9월 훈련 중 수류탄 폭발 사고로 부상한 손모 훈련병에 대해 최근 민간병원 진료비 지원 논란이 커지자 장병 치료비 지원에 대한 획기적인 개선책을 마련하겠다며 한 말이다.

늦었지만 잘한 결정이다. 하지만 국방부의 이런 '뒷북 대응'이 처음이 아니어서 마음이 개운치 않다. 국방부의 그간 행태로 볼 때, 국방부 고위 관계자의 이날 발언을 액면 그대로 수긍하기 힘들다. 불과 2개월여 전 북한 지뢰 도발 때를 봐도 그렇다. 당시 오른쪽 무릎 위쪽과 왼쪽 무릎 아래쪽을 절단한 하재헌 하사는 부상 정도가 심해 민간병원에 이송돼 치료를 받았는데 치료비를 자비(自費)로 부담해야 할 처지에 놓인 것으로 알려져 여론이 들끓었다. 이는 사실관계를 제대로 전달받지 못한 국방부 대변인실이 일부 언론에 잘못 설명해 빚어진 것으로 드러났지만 이미 엎질러진 물이었다. 지난 9월 6일 박근혜 대통령이 중국 방문 직후 휴일인데도 첫 일정으로 하 하사가 입원한 병원을 찾아 "애국심으로 나라를 지키다 이렇게 다쳤는데 병원 진료비 얘기가 나온다는 것 자체가 있을 수 없는 일"이라고 국방부를 질타한 뒤에야 들끓던 여론이 가라앉았다.

지난 7월엔 제2연평해전에서 전사한 장병 6명에 대한 보상을 '순직자'에서 '전사자'로 격상하는 법안에 국방부가 반대해 많은 국민이 황당해했다. 국방부는 제2연평해전 전사자 6명에 대해 특별법을 적용해 소급 보상할 경우, 6·25전쟁 이후 각종 무장공비 소탕작전과 북방한계선(NLL)·군사분계선(MDL) 등에서 적과 교전 중 산화한 232명에게 보상금 626억 원을 추가 보상해야 한다며 난색을 표명했다. 하지만 소급 적용을 순차적으로 하는 방안 등 대안이 없지 않았다는 점에서 비판을 면키 어렵다.

지난 몇 년간 군 복무 중 목숨을 잃거나 다친 장병에 대한 예우·처우 문제로 군이 비판받은 사례를 꼽아보면 열 손가락으로도 부족하다. 군 복무 중 자살한 병사를 순직으로 인정해 국립묘지에 안장하게 된 것도 불과 3년 전이다. 이번에 문제가 된 곽 중사의 진료비는 750만 원, 손 훈련병의 의수 제작·착용 비용은 2,100만 원 정도다. 대당 약 80억 원인 신형 K-2 전차, 1,000억 원인 F-15K 전투기, 1조 원이 넘는 이지스함 등 천문학적인 첨단무기 비용과는 비교가 되지 않는다.

군 수뇌부는 최근 대북 전략과 첨단무기 도입 등에 인식과 발상의 전환을 강조하며 '창조국방'을 외친다. 방위사업 비리가 국민적 지탄을 받고 있다. 하지만 환부(患部)를 도려내면 치유가 가능한 질병이다. 반면 전사 또는 순직, 부상 장병에 대한 예우 문제는 잘못 대처하면 군(軍)에 뇌출혈이나 심장마비와 같은 치명상이 될 수 있다. 정부와 군 수뇌부가 이 문제에 대한 인식과 발상부터 바꾸지 않는다면 값비싼 첨단무기 도입에 부정적인 여론이 생기는 것은 물론 군의 존립 자체가 흔들리는 사태를 맞을지도 모른다.

_《조선일보》, 2015년 11월 11일

제2, 제3의 임 병장 사건을 막으려면

18년 전인 1996년 9월 18일 새벽 강원도 강릉시 강동면 안인진리 앞바다에 무장간첩 26명을 태운 북한 상어급(300t급) 잠수함 1척이 좌초했다. 이로부터 49일간 북한 무장간첩들과 우리 군경(軍警) 간에 치열한 추격전이 벌어졌다. 예비군을 포함해 연인원 150만 명이 동원된 작전을 통해 북한 무장간첩들은 생포 1명을 제외하곤 모두 사살되거나 자살했지만 우리 군과 민간인도 16명이 전사 또는 사망하는 피해를 보았다. 이 과정에서 허술한 포위망, 아군 간 오인 사격, 허위 발표 등 숱한 문제가 부각됐다. 최소한 3건의 오인 사격으로 중대장(대위)을 비롯, 여러 장병이 사상(死傷)했다. 당시 군은 이를 뼈아픈 교훈으로 삼겠다고 다짐했다.

그러나 지난달 21일 발생한 육군 22사단 총기 난사 사건 대처 과정에서 군이 보여주는 모습은 18년 전이나 크게 다를 바 없는 듯하다. 국방부와 육군은 다각적인 조사를 통해 원인을 규명하고 대책을 세우겠다는 입장이지만 근본적인 해결책을 찾으려면 하드웨어와 소프트웨어를 망라해 입체적으로 접근할 필요가 있다.

우선 최전방 철책선 부대 근무 시스템과 여건이 확 바뀌어야 한다. 최전방 경계소초(GOP) 근무 장병들은 한번 투입되면 8~12개월 동안 주말이나 휴일도 없이 밤낮이 뒤바뀐 생활을 계속해야 한다. 한 현역 장교는 "최전방 부대는 간부든 병사든 잠이 부족해 스트레스가 많다"며 "이 때문에 장교는 관심병사 등에 대해 제대로 신경을 쓰기 힘들고, 병사 간에는 스트레스에 따른 갈등이 생기곤 한다"고 말했다.

둘째는 전방 배치 방식에 대한 개선이다. 국방부가 국회 송영근 의원에게 제출한 자료에 따르면 전방 10개 사단에서 인성검사 이상자(異常者)가 차지하는 비율은 전체 병력의 5%에 달한다. 특히 산악 지형이어서 근무가 힘든 중동부 또는 동부 지역 부대의 인성검사 이상자 비율이 비교적 근무 여건이 나은 서부 지역에 비해 훨씬 높다고 한다. 전방 배치 방식 개선은 이런 비정상적 현실에 대한 철저한 인식을 출발점으로 해야 한다.

셋째는 군 작전과 공보 문제다. 임 병장 체포 작전은 물론이고, 사건 직후 피해 사병들에 대한 응급조치가 늦어 사망자가 발생하지 않았는지 철저히 따져봐야 한다. 민간 소방 헬기보다 군 응급구조 헬기의 성능이 떨어져 후송이 늦어졌다는 설명에 대해 국민은 서글픔을 넘어 분노까지 느끼는 것 같다. 언론 브리핑을 맡은 국방부 고위 관계자가 명확히 확인되거나 정리되지 않은 사안들에 대해 어물쩍 설명하고 넘어가려다 거짓말 논란으로 비화돼 군에 대한 불신을 키웠다는 주장이 나오는 것도 사실 확인이 필요한 부분이다. 사건 직후 어처구니없게도 현장을 무단으로 이탈했다가 구속영장이 청구된 소초장 문제 등 초급장교의 자질 향상 및 교육도 각별히 신경 써야 할 사안이다.

한민구 신임 국방장관은 최근 국회 청문회와 국방위에서 이번 사건과 관련, 철저히 진상을 규명하고 대책을 세워 국민으로부터 신뢰받는 군을 만들겠다고 여러 차례 강조했다. 이번 사건에 대한 조사와 처리는 한 장관의 이런 '공언(公言)'에 대한 중요한 시험대가 될 것이다.

_《조선일보》, 2014년 7월 9일

군 부대가 혐오시설이라고?

"중앙 정부가 자치단체와 아무 상의도 없이 일방적으로 '혐오시설'이라고 할 수 있는 군사시설을 받으라 한다."

김문수(金文洙) 경기지사가 지난 20일 한 조찬 모임에서 한 말이다. 수많은 군 부대를 안고 있는 경기도의 최고 책임자가 군 부대를 '혐오시설'이라고 표현한 데 대해 이런저런 말들이 많다. 그는 이 모임에서 "하이닉스에서 나오는 구리 양보다 6,700명의 (특전사) 군인이 와서 오염을 시키는 것이 더 심하다"는 말도 했다.

과연 군 부대는 주민들에게 부정적인 영향만 끼치는 혐오의 대상인가? 경기도 이천시로 이전하는 것으로 발표된 뒤 해당 지역 주민들의 반발을 사고 있는 육군 특전사의 경우를 살펴보자. 특전사는 우리 군의 최정예 전략 부대다. 그만큼 국민들에게 강렬한 인상을 준다. 특전사는 이런 인상의 덕을 보는 경우도 있지만 손해를 보는 때도 많다. 예를 들면 "술 먹고 행패를 부리는 사람이 많지 않을까"

하는 식의 걱정이다. 상부의 지시로 27년 전인 1980년 광주민주화운동 진압작전에 마지못해 투입된 '원죄(原罪)' 아닌 '원죄'도 있다.

그러나 실제로 특전사 부대원들이 민간인에 대해 피해를 입히는 사고를 일으키는 경우는 여느 부대에 비해 오히려 적다고 한다. 최근 2년간 경미한 사고를 제외하곤 총기사고, 폭행치사, 일반강력 사고 등과 같은 군기(軍紀)사고가 없었다는 것이다.

군 관계자는 "특전사는 부사관 등 직업군인의 비중이 높고 모집해서 뽑는 병사의 경우도 2.5~3.4대1의 높은 경쟁률을 보인다"고 말한다. 해외에서 높은 평가를 받았거나 받고 있는 동티모르 상록수부대와 이라크 자이툰부대에서도 모두 특전사가 중심에 있다. 이들 부대의 작전은 모두 총을 쏘며 싸워 적을 무찌르는 것이 아니라 주민들을 상대로 민사(民事) 작전을 벌이거나 부서진 건물을 복구하는 등 '부드러운' 것이었다.

주민들의 주머니 사정과 직결되는 경제적인 측면에서도 도움되는 점이 많다는 것이 군 당국의 설명이다. 대규모 부대 시설을 새로 짓는 데 따른 생산유발 효과는 2010년까지 3,600여억 원, 부대 이전 후 부사관·장교를 중심으로 부대원들이 지역에 돈을 쓰는 데 따른 소비지출 효과는 2030년까지 1조 원에 달할 것으로 추정되고 있다.

물론 김 지사나 해당지역 주민들이 반발하는 데는 님비 현상만으로 치부하기 힘든 나름대로의 이유가 있다고 본다. 중요 사안에 대해 해당 지자체와 사전 협의가 없었다든지, 대대로 물려받은 생업(生業)의 터전을 떠나야 한다는 것 등이다. 하지만 도정(道政)의 최고 책임자가 공개석상에서 군 부대를 혐오시설로 '매도'하는 것이 과연 지역 주민들에게도 도움이 되는 것인지 되묻고 싶다. 학생중앙군사학교 등 군 교육기관들은 이전 지역에서 대대적인 환영을 받는 데 비해 특전사는 반대 분위기가 강하자 부대원들이 최정예 부대원으로서의 자부심에 상처를 입고 자괴감까지 느낀다고 한다.

몇 년째 찬반 양측의 갈등만 심화되면서 결론을 내지 못하고 있는 제주 해군기지 문제도 도정 최고 책임자의 결단이 문제라는 지적도 나오고 있다. 국가안보 중대사인 주요 군 부대 이전 및 기지 건설 문제에 있어 지자체장의 양식 있는 태도가 아쉽다.

_《조선일보》, 2007년 4월 24일

자이툰부대원들의 명암

아르빌(이라크) = 주말이었던 지난 9일 이라크 아르빌 자이툰부대 주둔지엔 강한 흙먼지 바람이 불었다.

100~300m 앞을 분간하기 어려웠고 얼굴을 문지르면 금세 흙먼지가 묻어날 정도였다. 주둔지는 단 한 그루의 나무도 없고 문틈으로 스며들어올 정도로 미세한 흙먼지로 덮인 황량한 곳이어서, 바람이 조금만 불어도 뿌연 먼지가 일었다.

그러나 부대원들은 이에 아랑곳하지 않고 마스크를 한 채 컨테이너 숙소를 짓거나 방호벽을 쌓는 등 주둔지 정비작업에 열중했다. 일부 요원들은 34도의 무더위에도 무게 8kg의 방탄 조끼와 방탄 헬멧 등으로 완전무장을 하고 도로 정찰, 경호 작전을 폈다.

부대원들, 특히 지난 7월 주둔지 조성을 위해 먼저 아르빌에 온 시설준비단은 이루 말로 표현하기 힘든 고생을 했다고 한다. 50도에 육박하는 살인적 더위 속에서 물과 전기가 없어 샤워를 할 수도, 에어컨을 켤 수도 없었다. 식사 시간엔 맨 땅에 앉아 흙먼지로 뒤덮인 밥을 먹어야 했다.

40대 후반에서 50대 초반인 황의돈 사단장과 주요 참모들 중 상당수가 지난 6~7개월 사이에 머리가 허옇게 셌다. 파병지 결정 과정에서 국가안보회의(NSC)·국방부·합참 등 상급 기관과의 이견 및 갈등, 파병 지연에 따른 마음 고생, 쿠웨이트에서 1,115km 떨어진 아르빌까지 병력과 장비를 이동시킨 '파발마 작전' 과정에서의 테러 공격 우려 등으로 한시도 마음 편한 날이 없었기 때문이다.

지난 8월 초부터 한국을 떠날 때는 안전과 파병반대 여론을 의식한 정부 방침에 따라 제대로 된 환송행사도, 언론의 주목도 받을 수 없었고, 무슨 죄 지은 사람처럼 은밀히 출국해, 장교·병사 말할 것 없이 사기가 크게 떨어졌었다고 부대 관계자들은 전했다.

그러나 9월 22일 자이툰 주력부대가 아르빌로 '이사'를 한 뒤 주둔지가 급속히 자리를 잡아가면서 부대 장병들도 안정을 찾고 있는 듯하다. 냉·난방이 되는 컨테이너 막사에 장교는 물론 병사들까지 1인당 침대 하나씩이 제공되고 있다. 부대 밖 아르빌로 나가면 어린이들은 물론 일부 어른들도 '쿠리 쿠리(코리아 코리아)'를 외치며 반겨 부대원들의 사기를 높여주고 있다.

하지만 자이툰부대가 순항하기엔 아직도 넘어야 할 산이 많다. 우여곡절 끝에 파병지로 결정된 아르빌 지역은 쿠르드족과 아랍족의 이해가 첨예하게 대립한 곳이어서 자이툰부대의 '처신'과 활동 효과에 상당한 한계가 있을 수밖에 없다. 도로·교량 등 많은 돈이 드는 사회간접자본 시설의 건설까지를 원하는 쿠르드족의 높은 기대 수준도 부담이 된다. 쿠르드인들은 주변국과 강대국에 의해 끊임없이 배신 당한 아픈 역사를 갖고 있다. "산 외엔 친구가 없다"는 속담이 생길 정도다. 쿠르드인들의 기대가 실망과 배신감으로 바뀌었을 때 어떤 반응이 있을지 결과를 예측하기 어렵지 않다.

또 14일 이내로 자이툰부대가 철수하지 않을 경우 한국군과 한국 시설에 대해 테러를 하겠다는 이슬람 테러단체의 협박에서 알 수 있듯이, 테러단체들의 잇따른 위협 속에서 언제 불상사가 발생할지 예측하기 힘든 상황이다. 자이툰부대의 안착과 아르빌 지역의 상대적으로 안정된 치안상태, 주민들의 환영 분위기를 눈으로 직접 확인하고도, 마음 한구석이 무거운 이유가 여기에 있다.

_《조선일보》, 2004년 10월 13일

군軍 통수권자인 노盧 대통령께

저는 《조선일보》에서 국방 분야를 10여 년째 담당하고 있는 유용원 기자입니다. 최근 벌어지고 있는 사태를 지켜보면서 안타까움과 답답함을 이길 수 없어 한 말씀 올립니다.

요즘 이른바 'NLL(서해 북방한계선) 보고 누락' 사건으로 심기가 몹시 불편하실 줄 압니다. '일부 직업군인들이 나의 통수권에 대해 도전하고 반발하는 것이 아닌가' 하고 격분하셨다는 얘기도 들었습니다. 외형상 드러난 것만 보면 그렇게 오해하실 수 있는 대목도 있을 것입니다.

그러나 기본적으로 군은 가장 충성스런 대통령님의 부하입니다. 지난해 10월 국군의 날 행사 때 육·해·공군 장병들을 사열하면서도 이를 느끼셨을 것입니다. 군은 합법적인 절차를 거쳐 대통령이 된 사람에겐 누가 됐든 충성하는 조직입니다. 지난 1993년 이후 두 명의 민간인 대통령이 군을 이끌면서 하나회 숙정 등 대대적인 군

사정(司正)이 몇 차례 있었습니다. 이 과정에서 일부 군인들의 반발도 있었지만 일각에서 우려하던 '사건'은 발생하지 않았습니다. 더구나 군복무 경력이 논란을 빚었던 전직 민간인 대통령들과 달리 노대통령께선 사상 첫 사병 출신 대통령으로 군의 존경을 받기에 유리한 조건을 갖추고 있습니다.

그런데 이런 대통령님과 군이 서로 불신하고 다투는 듯한, 국민들이 보기에 안쓰럽고 불안한 일들이 왜 벌어지는 것일까요? 몇몇 청와대 고위관계자들과 여당 의원들이 얘기했듯이 일부 언론의 왜곡보도와 이간질 때문일까요? 저는 그렇지 않다고 봅니다. 가장 중요한 이유는 대통령님은 대통령님대로 "군이 나의 통수권자로서의 권위를 인정하지 않으려는 것 아닌가" 하는 의구심을 갖고 있는 것 같고, 군은 군대로 "대통령은 부하인 우리를 사랑의 매로 다스리려는 것이 아니라 몽둥이로 불구가 될 정도로 때리려는 것 아니냐"는 의구심을 갖게 됐기 때문이라고 생각합니다.

사실 군의 입장에서 보면 지난 수개월간 그런 의구심에 설득력을 더해주는 일들이 발생했습니다. 지난 5월 신일순 전 한미연합사 부사령관(육군대장)이 1억여 원을 횡령한 혐의로 현역 대장으로는 처음으로 구속됐을 때 너무 심한 조치가 아니었느냐는 반응이 군내에 많았습니다. 최근엔 의문사위의 간첩·사노맹 출신 조사관이 현역대장, 전직 국방장관 등을 조사한 사실이 뒤늦게 알려져 직업군인들이 모멸감을 느끼고 있다고 합니다.

대통령님께서 속해 있는 여당의 김희선 의원이 지난 19일 "현 군부의 준장·소장·중장들은 과거 군사정부 시절 중령·대령을 거치며 커온 사람들"이라고 발언한 것은 불만의 불길에 기름을 끼얹은 것입니다. 장성·장교들이 "자존심을 짓밟는 발언"이라며 공분하고 있습니다. 이번 'NLL 보고누락' 건만 해도 조용히 진상을 조사한 뒤 군의 잘못이 확인된 부분에 대해 문책하고 대국민 사과를 했으면 지금처럼 사태가 악화되지 않았을 것이라는 지적도 적지 않습니다. 이런 반응들은 통수권에 대한 도전이나 항명(抗命)과는 다른 것입니다.

　만일 대통령님께서 군이 잘못이 많고 매우 부패한 집단이어서 팔다리가 부러지도록 때리고 전면 수술을 해야겠다고 생각하신다면, 군은 이를 악물고라도 이를 감내(堪耐)할 것입니다. 그러나 그럴 경우 그 피해는 결국 가장 충성스런 부하를 잃게 되는 대통령님과 군의 국토방위를 믿고 생업을 유지하는 국민들에게 돌아가지 않을까요. 아직도 많은 직업군인들은 통수권자인 대통령님의 애정과 신뢰를 기대하고 있습니다.

_《조선일보》, 2004년 7월 22일

하루 6,000원짜리 한국 병사

"세계 10위권의 군사강국이면서도 병사 하루 유지비가 6,000원에 불과하고, 세계에서 유례를 찾기 힘든 포로수용소식 내무반을 운영하는 나라는?" 정답은 물론 대한민국이다.

48년 건군(建軍) 이래 한국군은 양적·질적 성장을 거듭해왔다. 미국, 일본 등 극소수 선진국만이 보유 중인 이지스함 보유도 눈앞에 두고 있다. 73년 '율곡사업'이라는 이름으로 군 전력증강 사업이 시작된 이래 30년간 60조 원이라는 막대한 돈을 투자했다.

그러나 이들 무기체계를 움직이고 군을 구성하는 가장 기본적인 토대인 병사들의 처우로 눈을 돌리면 한숨이 나오지 않을 수 없다. 병사들이 2년 2~6개월간 복무하는 데 들어가는 돈은 급식비와 월급, 피복 지급비 등을 모두 합쳐도 한 사람당 467만~543만 원에 불과하다. 병사들의 한 달치 월급을 보면 더 기가 막힌다. 일등병의 경우 2만 2,050원으로 공공근로자 하루 일당(2만 2,000~2만 7,000원)

과 비슷하거나 적다. 더구나 현역으로 복무 중인 병사들의 76%는 대학재학 이상의 학력을 가진 고학력자지만, 병사 월급은 군 전체 인건비의 2%밖에 되지 않는다. 때문에 한국군은 고학력자 비중이 세계에서 가장 높으면서도 가장 적은 비용으로 운용되는 군대라는 소리도 듣고 있다.

식비의 경우는 하루 세 끼를 합쳐 4,542원. 꼬리곰탕, 카레라이스, 쌀국수, 자장면 등 메뉴가 다양해져 병사들의 의식주(衣食住) 중 가장 많이 개선된 부문이라고 한다. 하지만 공공기관이나 기업체의 대형 구내식당이 한 끼당 2,000원 이상씩을 받고 있는 현실을 감안하면 아직도 미흡하다는 지적이다.

병사들이 입고 신는 것에도 개선할 여지는 많다. 병사들은 군생활 중 전투복, 전투화, 러닝셔츠, 양말 등 30여 종의 기본 피복을 지급받는다. 이 중 전투화는 통풍이 잘 되지 않아 무좀에 걸리는 경우가 많고 발뒤꿈치가 까지기 십상이어서 예나 지금이나 병사들에게 고통을 주는 존재다.

그러나 무엇보다 시급한 것은 병사들의 생활공간인 내무반 등 병영시설의 개선이다. 현재 병사들의 1인당 내무반 공간은 0.7평. 30명 기준의 소대급 내무반에 40여 명이 생활하며 매트리스 2장에 3명이 '칼잠'을 자야 한다. 또 내무반의 39%는 60~70년대에 건립돼 겨울엔 춥고 여름엔 찜통이 된다. 현재 우리 병사들의 1인당 내무반 공간은 미국·일본(3평) 같은 선진국은 물론, 우리보다 병력이 3.3배나 많으면서 1인당 GNP가 적은 중국(2.6평)보다도 크게 뒤떨어진 것이다.

국방부도 뒤늦게 문제의 심각성을 인식, 올해 초 내년도 병사 월급을 100% 인상하고 향후 5년간 2조 6,000억 원을 투자해 현재의 소대 단위 침상형 내무반에서 분대 단위 침대형 내무반으로 바꾸겠다는 계획을 발표했다. 그러나 국방부의 계획은 시행 첫해인 내년부터 난관에 봉착하게 됐다. 예산 증액률이 국방부의 기대에 못 미치면서 병사 월급은 50%만 증액되고 병영시설 개선계획도 상당 기간 지연이 불가피해졌다.

예산부처와 국방부는 "어려운 국가살림 때문에 국방비 대폭증액이 어렵다", "국방예산 증액이 적게 이뤄져 시급한 병사 처우개선이 어렵다"며 서로 미루는 듯한 양상이다. 하지만 단순히 예산 탓만 하기엔 병사들의 처우개선은 너무나 시급하고 중대한 현안이 됐다는 생각이다. 병사들이 군에 입대하면서 엄청난 '문화적 충격'을 느낄 수밖에 없는 병영이 존재하는 한 병사들의 자살 등 군기사건이 계속 생기고 군입대에 대한 거부감은 커질 수밖에 없을 것이다.

병역의무 이행이라는 '국민의 도리'를 다하기 위해 군에 입대한 병사들에게 최소한의 인간다운 생활을 보장해주는 것이 '국가의 도리' 아니겠는가.

_《조선일보》, 2003년 10월 28일

군화도 못 만들면서

몇 년 전 자식을 군에 보낸 부모들과 군에 다녀온 남성들의 눈물을 자아냈던 사진 한 장이 인터넷에서 화제가 된 적이 있다. 병사들이 행군을 하다 발바닥이 전투화에 짓물러 물집들이 생겼고 이 물집들이 터져 발바닥에 큰 상처가 난 모습이었다.

이 사진은 군에서 낙후된 전투화 때문에 고생했던 많은 남성들의 추억을 되살리고 10~30년 전에 비해 나아지지 않은 데 대한 분노를 불러일으켰다. 이에 앞서 국회에서도 전투화 등 장병들이 입고 신는 피복장구류 문제가 국정감사 때마다 '약방의 감초'처럼 등장하곤 했다.

국방부와 군 당국에서도 나름대로 개선 노력은 해왔다. 장병 피복장구류 개선 10개년 계획을 세우고 신형 전투복, 전투화 등을 선보였다. 지난 3월엔 김태영 국방장관과 최경환 지식경제부 장관 간에 '국방섬유 기술협력 양해각서'도 체결했다. 세계적으로 인정받는 우리 민간부문 섬유 기술을 장병들의 피복에 적용해 군 전투력과 장병들의 삶의 질을 향상시키자는 취지였다.

그러나 최근 어처구니없는 사건이 발생했다. 11개 전투화 제조회사가 올해 납품한 신형 전투화 중 5개사에서 납품한 5,201켤레가 접착력이 약해 밑창이 떨어지는 불량이 발생한 것이다. 국방부는 감사 결과 방위사업청 등의 일부 관계자들과 업체 간에 유착의혹까지 나타났다면서 수사를 의뢰했다.

전문가들은 장병 피복장구류 문제가 군 당국의 공언에도 불구하고 근본적으로 해결되지 않는 데엔 몇 가지 이유가 있다고 지적한다. 우선 구조적인 문제다. 현행 법령상 군 피복장구류는 대부분 군인공제회, 재향군인회, 보훈단체 등의 산하 업체들이 수의계약으로 납품한다. 6·25전쟁과 베트남전 등에서 전사하거나 부상을 입어 국가를 위해 희생한 분들이나 후손들에게 안정된 일자리를 줘 조금이나마 보상하자는 취지다.

수의계약으로 계속 납품이 이뤄지다 보니 경쟁계약의 형태를 취할 때보다 품질개선이 더딜 수밖에 없다는 것이다. 이에 따라 이제는 국가 차원에서 국가유공자들에게 다른 형태의 적절한 보상을 하는 보완책을 마련하면서 군수품 납품은 경쟁 체제로 전환해야 한다는 주장들이 적지 않다. 군의 한 고위 관계자는 "현재의 피복장구류 납품 시스템에 대한 불만이 계속 쌓이면 결국 국가유공자들에게도 누(累)가 되는 만큼 범정부 차원의 결단이 필요한 때가 됐다"고 말했다.

국방예산 중 피복장구류가 우선순위에서 뒤로 밀려 있는 것도 문제다. 피복 예산의 경우 증액률이 2008년엔 0.4%, 2009년엔 0.9%에 불과했으며 그나마 올해 10%가 증액돼 2,182억 원이었다. 야심 찬 국방개혁의 틀을 한창 짜고 있는 대통령 직속 국방선진화추진위에서 추진 중인 53개 과제에서도 장병 피복장구류 개선 문제는 빠져 있다고 한다.

군 관련 여러 사안 가운데 인터넷에서 가장 많고 격렬한 댓글들이 달리는 것이 피복장구류 관련 문제다. 정부와 군 당국은 정반대로 이 문제에 가장 관심이 없는 듯하다. 인간의 기본 3대 요소는 의식주(衣食住)이고 이는 군인이라고 결코 다르지 않다. 그중에서도 제일 앞에 있는 '의' 문제를 근본적으로 해결하지 못하면서 무슨 국방개혁을 하겠다는 것인가. 세계 최고 수준의 전차·장갑차를 만들어줘도 그걸 다루는 군인들의 사기가 형편없다면 무슨 소용이 있겠는가.

_《조선일보》, 2010년 10월 4일

상무정신

"Not to be forgotten(우리는 결코 당신을 잊지 않을 것이다)."

미 하와이에 있는 미 육군중앙신원확인소(일명 '실하이 · CILHI')에 걸려 있는 캐치프레이즈다. 실하이는 몇 년이 걸리더라도 참전군인 유해 신원을 확인, 가족의 품에 돌려주는 곳.

학자 13명을 포함, 169명의 전문요원들이 베트남·북한·독일 등 미군의 유해가 있는 곳이라면 가리지 않고 누빈다. 이 캐치프레이즈 는 레이건 전 미 대통령이 한 연설에서 따온 것이다.

미국이 참전군인 유해발굴을 위해 기울이는 노력은 눈물겹다. 6·25전쟁 참전자에 대해서도 96년 이후 매년 100만~200만 달러 의 돈을 쥐가며 북한지역에서 유해 발굴 작업을 벌이고 있다.

최근엔 제2차 세계대전 때 독일에서 전사한 미군 유해 한 구가 실 하이 요원에 의해 발굴, 본국으로 송환된 적이 있다. 이때 대부분의 미국 방송이 유해 송환 장면을 생중계했고 신문도 주요기사로 다뤘을 뿐만 아니라 대통령도 경의를 표시했다.

 미국이 유해 발굴에 이처럼 정성을 기울이는 것은 군인, 아니 국민들로부터 충성심을 끌어내기 위한 것이다. 조국을 위해 희생당한 사람에 대해선 국가가 끝까지 책임져준다는, 국가에 대한 신뢰감을 심어주는 것이다.

 필자는 지난 97년 미 워싱턴 D. C. 인근 셰넌도어 국립공원의 루레이 동굴을 방문했을 때 깜짝 놀란 적이 있다. 많은 관광객들이 찾는데도 훼손되지 않고 깨끗하게 보존된 동굴에 감탄하고 있던 중 바위에 수십 명의 사람 이름이 새겨져 있는 모습이 눈에 들어왔다. '미국 사람들도 자연을 훼손하는구나'라며 다소 실망스러운 생각으로 유심히 살펴보니 단순히 관광객들이 기념으로 바위를 파놓은 것이 아니었다.

 이 지역 출신으로 1·2차 세계대전, 6·25전쟁, 베트남전 등 주요 전쟁에 참전했다가 전사한 사람들의 이름을 새겨놓은 것이다. 자연보호에는 세계에서 두 번째 가라면 서러워할 미국이 국립공원의 바위를 이처럼 '훼손'한 것은 조국을 위해 희생당한 사람을 얼마만큼 대우해주고 있는가를 상징적으로 보여주는 것이라고 느껴졌다.

 필자는 지난 96년 1년 동안의 미국연수 기간 중 여행을 자주 다녔는데 미국인의 상무정신을 피부로 느낀 적이 많다. 대도시는 물론 중소도시에도 대부분 외곽지역이 아닌 도심에 참전용사 묘지가 있어 그만큼 중시한다는 것을 알 수 있었다. 필자가 살았던 미주리주 컬럼비아시에서 에어쇼가 열렸을 때 이 지역 출신 전사자 명단이

20여 분간이나 낭독됐는데 수천 명의 참석자들이 이를 끝까지 경청하는 모습을 보고 놀라기도 했다.

　징병제가 아닌 지원병제를 채택하고 있으면서도 세계 유일 초강대국으로서의 지위를 유지하고 있는 미국의 저력은 바로 이런 상무정신에 있다고 전문가들은 말한다.

　5000년 동안 930여 차례의 외침과 전쟁을 겪은 우리나라의 역사를 돌이켜봐도 영광과 오욕의 사상은 상무정신의 강약과 밀접한 관련이 있다. 숭문천무(崇文賤武)사상이 지배했던 조선시대엔 임진왜란, 병자호란 등을 겪으며 여러 차례 치욕을 당했었다. 때문에 상무정신은 한 나라 군사력의 튼튼한 토대를 형성하는 가장 중요한 요소라 할 수 있다.

　　　　　　　　　　　　　　　　_《국방일보》, 2002년 2월 1일

로마가 흥한 이유

대제국을 이뤘던 로마인들도 처음에는 콤플렉스가 많았다. 지성에서는 그리스인보다, 체력에서는 켈트족(갈리아인)이나 게르만족보다, 기술력에서는 에트루리아인보다, 경제력에서는 카르타고인보다 각각 뒤떨어졌기 때문이다.

그런 로마가 어떻게 카르타고 등을 굴복시킨 뒤 대제국으로 발전할 수 있었을까? 역사가 디오니시오스는 종교에 관한 로마인의 사고방식이 그 요인이라고 말했다. 인간을 계율로 다스리기보다 인간을 수호하는 형태였던 로마 종교에는 광신적인 경향이 없었고, 그래서 다른 민족과도 대립관계보다 포용관계로 나아가기 쉬웠다는 것이다. 다른 종교를 인정한다는 것은 다른 민족의 존재를 인정한다는 것이라고 그는 풀이했다.

폴리비오스는 로마의 독특한 정치체제 확립에서 찾았다. 왕정 또는 귀족정·민주정 등 특정 정치체제를 고집하지 않았다는 것이다.

집정관 제도를 통해 왕정의 장점을, 원로원 제도를 통해 귀족정의 장점을, 민회를 통해 민주정의 장점을 각각 살려 국내 대립관계를 해소하고 거국일치 체제를 구축할 수 있었다는 것이다.

『영웅전』으로 유명한 플루타르코스는 패자(敗者)까지 포용해 동화시키는 로마인의 생활방식이 최대 장점이라고 봤다. 그리스에서는 비(非)그리스인을 야만인이라 불렀고, 같은 그리스인이라도 스파르타 출신이 아테네 시민권을 취득하는 것이 불가능할 정도로 폐쇄적이었지만 로마인들은 그렇지 않았다는 것이다. 이들 3명이 거론한 로마의 종교·정치체제·생활방식은 고대에는 매우 이례적인 개방성을 갖고 있던 것으로 풀이되고 있다.

일본 여류작가 시오노 나나미가 지은 『로마인 이야기』에는 이런 로마인들의 강점이 아주 상세히 잘 묘사돼 있다. 용병제를 취한 카르타고와 달리 로마군 병력은 시민병과 동맹국군으로 구성돼 있었다. 시민병은 노예나 돈 없는 사람이 아닌 상류층 등 중산층 이상의 시민들이 주축이었다. 핵심 편제인 '군단' 편성이 끝나면 총사령관인 집정관과 장교·병사들은 신전으로 갔다. 자유를 누리는 시민으로서 자신이 속해 있는 국가와 가족을 지키기 위해 병역의무를 성실히 수행할 것을 신에게 맹세하기 위해서였다고 한다.

시오노 나나미는 기원전 225년께 로마와 동맹국의 병역 대상자 수와 실제 병력 수를 비교해볼 때 로마 시민은 동맹국 주민에 비해 3배나 많은 병역을 치렀다고 분석했다. 로마는 특히 동맹국군에 집정관의 호위를 맡길 정도로 개방된 자세를 취했다.

　로마는 전쟁에서 승리한 뒤 상대방 국가와 강화조약을 맺을 때도 가혹한 조치를 취하지 않고 포용하곤 했다. 1차 포에니 전쟁이 끝난 뒤 카르타고와 맺은 강화조약에서도 시칠리아 영토를 포기하고 합리적인 수준의 배상금을 물도록 했지만 카르타고를 독립된 자주국가로 인정했다.

　로마는 패전한 자국 지휘관에 대해서도 관대한 조치를 취했다. 싸움에서 져도 처형 등 엄한 처벌을 하지 않고 다시 출전할 기회를 줬던 것이다. 로마 지휘관들은 이로 인해 소신 있는 지휘를 할 수 있었다. 이 같은 로마인들의 장점은 2000여 년이라는 긴 세월이 흘렀지만 오늘날의 우리에게도 시사하는 바가 많다는 생각이다.

_《국방일보》, 2002년 3월 1일

스위스 영세중립의 비결

아들의 머리 위에 사과를 얹어놓고 활을 쏘아 맞춘 것으로 유명한 윌리엄 텔 이야기를 모르는 사람은 없을 것이다. 윌리엄 텔은 영세 중립국으로 유명한 스위스가 합스부르크 왕조에 대해 저항운동을 벌일 때의 이야기다.

스위스는 30년 전쟁이 끝난 후 1648년 체결된 웨스트팔리아 조약 이후 400년이 넘도록 한 번도 전쟁에 휘말리지 않고 중립국의 위치를 지켜왔다. 프랑스 대혁명 뒤 프랑스 군대가 들어와 스위스를 통치한 적은 있지만 스위스 사람들의 저항으로 곧 물러나 대규모 유혈 사태는 벌어지지 않았다. 전 세계를 휩쓴 1·2차 세계대전 중에도 스위스는 전쟁의 참화에서 벗어날 수 있었다. 단순히 스위스가 중립국을 선언했다고, 스위스가 예쁘다고 강대국들이 스위스를 그냥 놔뒀을까?

스위스 군인들은 원래 용맹하기로 유명했던 전통을 갖고 있다.

1315년 스위스군은 스위스를 침공한 오스트리아군을 대패시켰으며, 유럽 강국이었던 부르고뉴 공국의 군대를 격파하기도 했다. 스위스군의 용맹성이 널리 알려져 유럽 여러 나라에선 용병으로 데려가 쓴 경우도 많았다. 스위스군은 그러나 1515년 프랑스와 베니스 공화국 연합군에게 대패한 뒤 '분수 파악'을 하고 대외 팽창정책을 포기, 얼마 뒤 중립국을 선언한다. 스위스는 전 유럽을 뒤흔든 종교 전쟁의 와중에도 외세를 끌어들이지 않는 지혜를 발휘한다.

이런 전통을 가진 스위스이기에 지금도 중립국이라는 명칭이 이상하게 여겨질 정도의 군사력을 유지하고 있다. 스위스는 예비군 위주의 병력 운용을 하고 있지만 그 규모는 약 40만 명에 이른다. 총인구가 700여 만 명인 것에 비하면 적은 규모가 아니다. 그것도 형식적으로 훈련 시간이나 때우고 실질 전투력은 떨어지는, 페이퍼(paper)상의 존재가 아니라 상비군에 가까운 전투력을 가진 정예 예비군으로 알려져 있다.

특히 스위스 집집마다 갖고 있는 방공호나 무기고는 이미 언론을 통해 널리 알려져 있는 바와 같다. 핵전쟁이 터졌을 때 세계에서 국민들의 생존률이 가장 높을 나라가 스위스라는 얘기가 나올 정도다. 2차 세계대전 때 독일군이 스위스 공략을 못한 이유 중의 하나가 여기에 있다는 분석도 있다. 스위스는 세계적인 포(砲) 제작업체인 엘리콘사도 갖고 있다.

미·일·중·러라는 4대 강국에 둘러싸여 있는 우리나라가 살아남기 위해선 나름대로의 생존전략을 구사할 필요가 있다. 작지만 강한 나라들이 그 모델이 될 만하다. 앞서 언급한 스위스를 비롯, 이스라엘, 싱가포르 등이 여기에 해당된다. 스위스의 경우 영세중립국이라는 외형보다는 영세중립을 가능하게 만든 원동력을 주목해봐야 할 것이다. 스위스의 역사에서 잘 나타나듯이 국민들의 상무정신과 이를 토대로 한 국방력이 그 원동력이 됐다고 볼 수 있을 것이다. 급변하는 동북아 안보정세 속에서 스위스의 저력에 대해 다시 한 번 생각해본다.

_《국방일보》, 2007년 3월 11일

CHAPTER 4

육해공 군사력 건설과
무기도입, 방위산업

20조 전투기 사업 이렇게 가면 망한다

"한국형 전투기(KFX) 사업은 공군의 전투기 도입 외에 우리 항공산업 육성이 주목적인데 지금처럼 가면 나중에 심각한 문제에 봉착할 가능성이 큽니다."

최근 만난 한 현역 장성은 한창 속도가 붙기 시작한 KFX 사업에 대해 크게 우려된다고 말했다. KFX는 8조 6,700억 원의 돈을 들여 공군의 낡은 전투기 F4와 F5를 대체하기 위한 전투기를 오는 2025년까지 국내 개발하는 사업이다. 120대 이상의 양산(量産) 비용까지 포함하면 18조 원, 수리부품 등 후속 유지 비용까지 포함하면 30조 원에 육박하는 '단군 이래 최대의 무기 사업'이다.

이 장성 외에도 현재의 KFX 추진 방식과 방향 등에 대해 우려하는 목소리가 곳곳에서 나오고 있다. 우선 사업을 강력하게 추진할 구심점이 사실상 없다는 점이 지적된다. 보통 이런 대규모 무기 개발 사업은 범정부 차원의 사업단이 구성된다. 첫 기동형 국산 헬기

수리온을 개발·양산하는 5조 4,500억 원 규모의 한국형헬기(KHP) 사업도 예비역 고위 장성을 단장으로 70여 명으로 구성된 범정부 사업단이 추진해왔다.

그런데 이보다 훨씬 규모가 크고 국가경제에 끼치는 영향도 더 큰 KFX 사업은 범정부 사업단 구성이 이뤄지지 않고 있다. 방위사업청에서 육군 준장이 책임자로 있는 '한국형항공기 개발 사업단' 속에 KFX 사업단이 구성돼 있을 뿐이다. 군 관계자들 외에 다른 정부 부처 관계자들과 민간 전문가들까지 포함된 국책사업단을 총리실 직속으로 설치해야 한다는 주장이 일각에서 계속 제기되고 있다. 범정부 KFX 사업단이 구성되지 않는 데엔 대규모 사업단 발족에 부정적인 행정자치부의 입장이 큰 영향을 끼치고 있다. KFX 개발 성공을 위해선 핵심 기술을 미국으로부터 이전받는 것이 필수적이다. 첨단기술 이전에 소극적인 미 정부와의 협상력을 높이기 위해서라도 강력한 사업단이 필요하다.

KFX 본격 개발(체계개발) 책임을 맡고 있는 한국항공우주산업(KAI)의 사업 추진 방식에 대해서도 우려하는 말이 나오고 있다. 현재 KAI는 국내 업체가 개발했거나 개발 중인 국산 부품이나 장비보다 값싸고 이미 사용되고 있는 외국 업체의 장비와 부품을 선호하며 사업 파트너들을 찾고 있는 것으로 알려졌다. 지금과 같은 상황이 계속되면 KFX는 '국산 전투기'가 아니라 '외국 부품 조립 전투기'가 될 가능성이 높다는 지적이다. KAI 입장에선 KFX 개발 완료가 하루만 지연돼도 200억 원이나 되는 벌금인 지체상금을 물어야 하기 때문에 어쩔 수 없는 측면도 있다. 지난해 KAI의 매출액은 2조 3,100억 원이었는데 KFX 개발이 3개월만 늦어져도 KAI는 1조 8,000억 원에 달하는 지체상금을 물어야 한다.

KFX 사업이 본래 취지대로 우리 항공산업을 육성하려면 KAI 외에 대한항공 등 다른 업체들도 적극 참여할 수 있는 기회를 주고, 세계 항공시장의 70~80%를 점유하는 민수용 항공기 개발을 위한 토대도 닦을 필요가 있다. 이런 구조적이고 제도적인 문제들을 풀지 않은 채 지금처럼 사업이 진행되면 KFX 사업은 망할 가능성이 높다는 전문가들의 우려에 정부와 군 관계자들은 귀를 기울여야 할 것이다.

_《조선일보》, 2015년 5월 15일

무기 성패成敗, 소프트웨어가 좌우한다

"연동(連動) 소프트웨어 개발비로 401억 원을 달라."

지난 2002년 공군 주력 KF-16 전투기에 신형 정밀 유도 폭탄인 합동직격탄(JDAM)을 장착하려 했을 때 미 제조업체가 우리 군 당국에 한 말이다. 합동직격탄은 기존 재래식 '멍텅구리' 폭탄에 비교적 싼 유도장치를 달아 정확도를 크게 높여줄 수 있는 무기다. 공군 입장에선 어떻게든 도입해야 할 무기였지만 미 업체가 부른 비용이 너무 많았다. 군 당국은 공군 항공SW(소프트웨어)지원소에 분석을 의뢰했다. 지원소는 각종 자료 분석을 통해 자체 개발이 가능하다고 결론을 내렸다. 그 뒤 2008년부터 3년간 97억 원의 예산으로 독자 연동 SW를 개발하는 데 성공했다. 미 업체가 요구한 것에 비해 304억 원의 예산을 절감한 것이다. 1997년 창설된 공군 항공SW지원소는 우리 군에서 유일하게 외국산 SW를 우리 실정에 맞게 개조하는 부대다. 100여 명의 인력으로 구성된 이 부대가 항공기 SW 개조로 지난 18년간 절감한 예산은 약 3,600억 원에 달한다고 한다.

현대 무기체계에서 첨단 전자장비 등의 비중이 커짐에 따라 SW의 비중과 역할도 비약적으로 커지고 있다. 전투기가 수행하는 임무 중 SW가 차지하는 비중은 F-4 '팬텀'은 8%에 불과했지만 F-16 45%, F-22 80%로 높아졌다. 우리 군이 차기 전투기로 도입할 F-35 스텔스기는 무려 90%에 달한다. 미군 분석에 따르면 군사·항공 분야의 SW 개발 비용도 지난 2002년 전체 개발 비용의 39.7%였지만 5년 뒤엔 10%포인트 이상 증가한 51.4%였다. 전투기 설계의 무게중심도 하드웨어(HW)에서 SW로 바뀌고 있다고 한다. 그러다 보니 세계 최강인 미군은 엄청난 규모의 SW 연구소를 운용하고 있다. 미 육군은 4,300여 명, 공군은 2,500여 명 규모의 전문 인력을 갖고 있다.

최근 미국 측이 KFX(한국형 전투기) 개발과 관련된 4개 기술의 이전을 거부해 논란이 커지고 있는데 그 핵심도 SW 문제다. 우리가 미국 측에 요구했다가 퇴짜를 맞은 것은 AESA(위상배열) 레이더 등 4개 장비 자체가 아니라 이들 장비의 체계 통합 기술들이다. 체계 통합 기술은 전투기와 장비를 연결하는 SW 기술이다. 국방부와 방사청은 차선책으로 유럽·이스라엘 업체 등으로부터 기술 지원을 받아 우리 힘으로 이 기술들을 개발하겠다고 강조하고 있다.

그러면 정말 우리 군이 이 기술들 개발 성공을 자신할 만한 역량을 갖고 있을까? 이에 대해 고개를 갸웃거리는 전문가들이 적지 않은 게 현실이다. 전문 인력과 조직이 턱없이 부족하고 SW의 중요성에 대한 군 수뇌부의 인식도 사실상 없다시피 하다는 것이다. 개선책으로 일부 전문가는 기존 공군 항공SW지원소를 국방부 차원으로 승격해 '무기체계 SW센터'로 확대 개편해야 한다고 주장한다. 민간 분야 SW 조직과 인력을 최대한 아웃소싱해 활용해야 한다는 의견도 나온다.

최근 KFX 논란으로 청와대 외교안보수석이 사실상 경질됐다. KFX는 단군 이래 최대라는 20조 원에 육박하는 초대형 사업이다. 실패해선 안 될 국가적 과제를 성공하려면 군 SW 개발 시스템을 점검하고 강화하는 일부터 서둘러야 할 것이다.

_《조선일보》, 2015년 10월 21일

실무자들까지 오염된 무기武器사업 비리

"무기 도입에 커미션이 많은데 이를 줄이면 무기 구매 예산의 20%
는 줄일 수 있지 않으냐."

이명박 정부 시절 이 대통령이 군과 방위사업청 수뇌부가 모인 자
리에서 했다는 말이다. '무기 도입 커미션 20%'는 그 뒤 이명박 정
부의 무기 도입 및 방위산업 개혁 의지를 상징하는 말처럼 됐다. 감
사원은 물론 검찰까지 동원돼 방산업체와 무기 중개상, 군 관계자
들의 비리 의혹을 샅샅이 훑었지만 '무기 도입 커미션 20%'는 확
인되지 않았다. 관행에 따라 무기 도입 계약 규모의 1~5% 미만 수
준인 커미션이 드러난 것으로 알려져 있다. 차기 전투기(F-X) 사업
등 1조 원 이상의 대형 무기 사업에선 커미션이 1% 미만으로 파악
됐다. 무기 도입 및 방산업체 관계자들은 "대통령이 잘못된 정보와
선입견을 갖고 군 및 방산업체 종사자들을 매도했다"고 불만의 목
소리를 쏟아냈다.

실제로 대다수 방사청 등 군 무기 도입 관계자와 방위산업 관계자는 묵묵히 사명감을 갖고 일하고 있다는 게 중론(衆論)이다. 우리나라 방산 종사자들은 3만 명이 좀 넘는 수준인데 이 중 연구 개발 인력은 26%에 이른다. 제조업 평균 연구 개발 인력 비중 8.9%의 3배에 이르는 수준이다. 방사청 관계자 중에도 업체 관계자들과의 가벼운 식사 자리도 사양하며 일에 몰두하는 사람들이 있다.

하지만 최근 국정감사 과정에서 드러난 군 무기체계 부실·불량 및 비리 사례는 윤 일병 폭행 사망 등 군 기강 사건과 함께 군에 대한 신뢰를 크게 무너뜨리고 있다. 매년 국정감사 때마다 군 무기체계 부실 문제는 '연례행사'처럼 드러났지만 최근 사례들은 더 악성(惡性)이라는 게 문제다. 2006년 방사청 창설 이전에는 무기 도입 사업을 추진하는 과정에서 청와대나 군 고위층의 권력형 비리가 많이 발생했다. 그러나 방사청 창설 8년 차에 접어들면서 실무 담당자들의 실무형 비리가 종종 발생하고 있다. 한 방산 전문가는 "실무형 비리는 생계유지와 관련돼 있어 이른바 '군(軍)피아' 및 방산업체를 상대로 한 유착 관계가 권력형 비리보다 더 끈끈하고 강력해서 문제"라고 말했다.

서류를 조작해 2억 원짜리 구형 수중음파탐지기(소나)를 41억 원짜리로 둔갑시켜 이번 국감에서 집중 질타를 받은 해군 통영함 비리 사건이 그 상징적인 예다. 범행의 주역 두 사람은 같은 사관학교 선후배 사이다. 현행 공직자윤리법에 따라 대령급 이상은 퇴직한 뒤 2년 동안 업무와 관련된 사기업 취업이 제한된다. 하지만 전역(轉役)

직후 이들을 방산과 무관한 계열사에 편법으로 위장 취업시켜 방산 관련 일을 하도록 하는 사례도 적지 않다고 한다.

이를 막으려면 무기체계 부실·불량을 예방할 제도적 개선책과 함께 다각적 특단 비리 대책이 마련돼야 한다. 무기 사업 관련 군 기밀을 유출하거나 뇌물을 받는 등의 비리에 대해선 전 재산을 몰수당할 수 있다는 인식을 심어줄 정도로 강력한 처벌과 감사원·기무사 등의 감시 기능 강화가 필요하다. 무기 도입 분야 관계자들의 전역 후 안정적 생활 보장에 정부가 나서는 방안도 제시되고 있다. 군피아 등 '끼리끼리' 문화를 견제하기 위한 방사청 등의 문민화 강화도 대책의 하나가 될 수 있을 것이다.

_《조선일보》, 2014년 10월 22일

방산^{防産} 비리 수사, 명^明만큼 암^暗도 컸다

1년여 전인 지난해 11월 21일 '방위사업비리 합동수사단'(이하 합수단) 현판식이 당시 김진태 검찰총장 등이 참석한 가운데 서울중앙지검에서 열렸다. 합수단은 4개 팀 105명으로, 검찰은 물론 국방부, 경찰청, 국세청, 금융감독원 등에서 파견된 요원들도 포함된 사상 최대 규모였다. "방산 비리는 이적(利敵) 행위"라는 박근혜 대통령의 엄단 의지에 따른 것이었다.

합수단은 지난 20일 해상 작전 헬기 와일드캣(AW-159) 도입 비리에 연루된 최윤희 전 합참의장을 뇌물 수수 및 허위 공문서 작성 등의 혐의로 불구속 기소하면서 수사를 사실상 마무리했다. 1년여에 걸친 강도 높은 수사의 성과는 외견상 커 보인다. 지금까지 재판에 넘겨진 군인과 민간인은 총 74명에 달한다. 이 중 장성급 기소자만도 현역 1명 등 11명이다. 적발된 비리 규모는 1조 원에 육박한다고 발표됐다.

아내, 아들 등 가족들에게 접근한 거물급 무기중개상의 교묘한 로비 행태 또한 그동안 잘 확인되지 않았던 것이다. 지속적인 수사에 따라 방위사업청 등 군내 풍토도 달라지고 있다고 한다. 사관학교 선배라 할지라도 상급자의 부당하거나 불합리한 지시는 따르지 않는 분위기가 생겼다는 것이다. 많은 국민으로부터 성원도 받았다. 이에 따라 검찰은 합수단이 연말에 해체된 뒤에도 상설 조직을 만들어 수사를 계속하고, 감사원도 방산 비리 특별감사단의 활동을 1년 연장할 계획이다.

하지만 군 내부에선 방위사업 비리 수사의 공과(功過)를 냉철하게 따져봐야 할 때라는 소리도 높아지고 있다. 우선 비리 규모 문제다. 발표된 1조 원은 비리 혐의가 있는 사업들의 예산 규모를 모두 합친 것이다. 가장 큰 것은 해상 작전 헬기 사업으로 5,800여 억 원에 달한다. 도입될 와일드캣 헬기가 전혀 쓸모없는 무용지물(無用之物)이라면 5,800억 원을 날렸다는 얘기가 맞다. 하지만 실제는 일부 장비만 기준 미달인 상태다.

1조 원이 모두 문제라면 합수단은 1조 원 전액에 대해 범죄 수익 환수 작업을 벌여야 할 것이다. 하지만 지난 10월까지 실제 추징액은 수십억 원에 그쳤다. 남편이 구속 기소되자 억울함을 호소하며 자살한 한 예비역 장교 아내 얘기는 많은 군 관계자의 가슴을 울리기도 했다. 이 예비역 장교는 뒤에 1심에서 무죄 판결을 받았다. 합수단이 수사력을 집중했던 황기철 전 해군참모총장이 1심에서 무죄를 선고받은 것 등도 '무리한 수사'라는 비판을 초래했다.

방사청 간부들이 주요 결정을 미뤄 사업이 지연되고 방산 수출 동력(動力)도 떨어졌다는 지적도 많다. 한 소식통은 "비리가 아닌 정책적인 판단까지 수사 대상이 되고 보니 결정을 미루고 웬만하면 법무실이나 로펌에 법률 해석부터 의뢰해 면피하려는 풍조가 만연하고 있다"고 전했다. 지금까지 드러난 방위사업 비리는 대부분 방산업체가 아니라 무기중개상에 의해 이뤄진 것인데 정작 무기중개상들에 대한 뾰족한 대책을 내놓지 못하는 것도 문제로 꼽힌다.

김진태 전 검찰총장은 지난달 퇴임을 앞두고 검찰 확대간부회의에서 "문제가 드러난 특정 부위가 아니라 사람이나 기업 전체를 마치 의사가 종합진단하듯이 수사하면 표적 수사라는 비난을 초래하게 된다"고 말했다. '제2기 방위사업 비리 수사' 출범을 앞두고 김 전 총장이 강조해온 '외과수술식 특별수사' 원칙이 방위사업 비리 수사에는 적용되지 않는 것인지 묻고 싶다.

_《조선일보》, 2015년 12월 22일

'미운 오리 새끼'가 돼가고 있는 군軍

"1980년대에는 이 땅에 미군이 한 사람도 없다고 가정하고 합참은 독자적인 군사 전략 및 전력 증강 계획을 발전시키도록 하라!"

1973년 4월 '을지연습 73' 순시를 위해 국방부를 방문한 박정희 대통령은 합참으로부터 '국방지휘체계와 군사전략'을 보고받은 뒤 이 같은 지시를 내렸다. 당시 박 대통령은 "자주국방을 위한 군사 전략을 수립하고 군사력 건설에 참여하라", "중화학공업 발전에 따라 고성능 전투기와 미사일 등을 제외한 소요 무기 및 장비를 국산화해야 한다"는 등의 지시도 함께 내렸다.

약 1년 뒤인 1974년 2월 합참은 서울 홍릉 국방과학연구소에서 '군(軍) 전력 증강 8개년 계획'(1974~1981)을 박 대통령에게 보고해 재가를 받았다. 창군 이래 최초의 자주적이고 체계적인 전력 증강 계획이었다. 이 비밀계획은 임진왜란 때 10만 양병론을 주장했던 율곡 이이 선생의 이름을 따 '율곡사업'이라는 위장 명칭이 붙었다. 박 대통령이 이런 지시를 내리고 군에서 다급하게 전력 증강 계획을 수립한 것은 1960년대 말부터 1970년대 초반 사이 1·21 청와대 기습 사건 등 북한의 고강도 도발과 닉슨 독트린, 주한 미 7사단 철수 등 안보 위기가 큰 영향을 끼쳤다. 율곡사업은 1993년 대대적인 '율곡비리' 감사 및 수사로 도마 위에 올라 명칭이 '방위력 개선 사업'으로 바뀐 뒤 몇 차례 포장을 바꿔가며 지금까지 이어지고 있다.

율곡사업이 처음 시작된 이래 지금까지 군 전력 증강에 투입된 돈은 모두 얼마나 될까? 전문가들은 1974년부터 2011년까지 37년간 군 전력 증강 사업에 총 121조 원이 투입된 것으로 분석하고 있다. 그 뒤에도 매년 10조 원 안팎의 돈이 무기 도입 및 장비 유지에 사용되고 있다. 보통 사람들은 피부에 잘 와 닿지도 않는 천문학적인 돈이다. 국방부는 올해 초 발간된 2014년 국방백서 등을 통해 우리가 아직도 핵·미사일 등 비대칭 전력은 물론 재래식 전력에서도 북한에 비해 상당한 열세라고 강조하면서 국방비 증액 필요성을 호소하고 있다.

하지만 국방부와 군은 이제 평범한 국민의 시각도 겸허하게 살펴볼 때가 되지 않았나 싶다. 많은 국민은 "그동안 그렇게 많은 돈을 쏟아붓고 북한보다 최소한 몇 배의 국방비를 쓰면서 아직도 북한군보다 열세이고 북한의 핵미사일 위협에 전전긍긍하는가"라며 불신감과 의구심을 갖게 된 듯하다. 더구나 26일 천안함 폭침 사건 5주기를 앞두고 전직 해군참모총장 두 명이 방위사업 비리로 구속되는 등 무기 도입 비리가 계속 드러나고 성추행 등 군 기강 사건이 잇따르면서 불신감은 더욱 커지고 있다. 이런 상황이 지속된다면 앞으로 2~3년 내 군이 예산 부족으로 현상 유지에 급급하고 신무기 도입을 하기 어려운 한계 상황을 맞는다 하더라도 국민의 지원을 받기 어려울 것이다.

군이 이런 위기에 처하게 된 데엔 여러 원인이 있지만 지금 우리 군에 율곡사업을 처음 시작할 때의 '헝그리 정신'과 절박감이 크게 부족하다는 것도 영향을 미치고 있는 것 같다. 군이 한국 사회에서 '미운 오리 새끼'처럼 전락하는 비극적 상황을 막기 위해서라도 1970년대 자주국방과 방위산업을 시작할 때의 초심(初心)을 잃지 말아야 한다.

_《조선일보》, 2015년 3월 25일

방위防衛산업도 컨트롤 타워가 필요하다

"현행 규정과 관행에 따르면 무기 제조업체가 수입 부품을 쓰는 게 낫지 국산 부품을 쓸 이유가 하나도 없습니다."

지난 29일 경기도 일산 킨텍스 전시장에서 방위사업청 주관으로 군(軍)·연구기관·업체 관계자 100여 명이 참석한 가운데 '국산화 발전 전략 세미나'가 열렸다. 방위산업 지원 단체의 한 간부는 무기 제조업체가 정부의 국산 부품 사용 장려 정책에도 불구하고 수입 부품을 선호할 수밖에 없는 이유로 경직되고 모순된 규정 적용 문제 등을 거론하며 목소리를 높였다.

현재로선 무기를 최종 조립하는 대기업 입장에선 수입 부품을 쓰는 것이 국산 부품보다 돈이 적게 들고 덜 불편하며, 부품을 만드는 중소업체 입장에서도 굳이 많은 시간과 노력을 어렵게 투자해서 국산 부품을 개발할 이유가 없다는 것이었다.

무기 부품 문제를 주제로 세미나가 열린 것은 무기 개발 및 운용 유지에 부품이 그만큼 중요하기 때문이다. 지난해 국방부가 극히 이례적으로 국제적 컨설팅 업체인 맥킨지에 용역을 줘 전군(全軍)의 군수 조달 분야를 점검했는데 부품 조달이 한국군의 가장 시급하고 중요한 문제로 드러나기도 했다.

이날 세미나는 박근혜 대통령도 참석해 주목받았던 '2014 민·군(民軍) 기술협력 박람회' 행사 중 하나로 이뤄졌다. 민·군 기술협력은 한때 동떨어진 것으로 여겨졌던 민간 부문과 군사 부문의 기술을 유기적으로 결합해 시너지를 거두자는 것이다. 군에서 개발된 기술이 민수(民需) 분야로 이전·활용되는 것을 '스핀-오프(spin-off)', 민에서 개발된 기술이 군수 분야로 이전·활용되는 것을 '스핀-온(spin-on)'이라고 한다. 최근엔 민·군에 필요한 기술을 공동으로 개발하는 '스핀-업(spin-up)' 개념도 등장했다. 이런 기술로는 전자레인지 등이 대표적이다.

현 정부 들어서 이처럼 방위산업의 신(新)성장 동력화, 민·군 기술협력 등 방산과 국방 과학기술의 중요성이 부각되고 있다. 방산 수출은 지난해 사상 최고액인 34억 달러를 기록하며 지난 수년간 연평균 45% 성장을 하고 있다. 하지만 방산과 민·군 기술협력의 미래를 결코 장밋빛으로만 볼 수 없는 게 현실이다. 우선 우리 군의 무기 수요는 포화 상태여서 수출만이 살길인데 방산의 수출 경쟁력은 아직도 약하다는 평가다. 여러 해 동안 공들여 세일을 해서 수출 계약이 성사되기 직전에 핵심 부품이 미국 등의 기술 이전을 받은 것이어서 발목 잡혀 좌절하는 경우도 비일비재하다. 방산 원가(原價) 등 제도적으로 손봐야 할 것도 한두 가지가 아니다.

특히 방산 수출은 오케스트라 연주처럼 업체와 방사청뿐 아니라 산자부·기재부 등 범정부 차원의 유기적 협조와 지원이 필수적이다. 여기엔 지휘자, 즉 사령탑 역할이 중요하다. 사령탑은 수출뿐 아니라 한국형 전투기(KFX)와 소형 무장 헬기(LAH) 등 국산 무기 개발에서 방사청과 산자부·미래부 등 정부 부처 간의 협력 및 역할 조정을 위해서도 필요하다는 생각이다. 핵심 분야에서 컨트롤 타워의 중요성은 세월호 참사 수습 과정에서도 여실히 드러났듯이 아무리 강조해도 지나치지 않다.

_《조선일보》, 2014년 6월 3일

국산 함정 수출에 거는 기대

8·15 광복절을 이틀 앞둔 지난 13일 박근혜 대통령이 214급 잠수함 김좌진함 진수식에 이례적으로 참석해 주변국과의 영토 분쟁 가능성에 대한 대응 의지를 보여줬다. 하지만 우리가 중국·일본과 똑같은 수준의 중형 항공모함, 원자력추진 잠수함을 단시일 내에 갖기는 어려울 것이다.

  이런 현실에서 우리에게 돌파구가 될 만한 일이 그보다 앞서 있었다. 지난 7일 오후 태국에선 우리 조선 업체와 태국 해군 간에 계약서 체결 행사가 열렸다. 태국 정부가 의욕적으로 추진하고 있는 해군력 증강의 주력인 신형 프리깃함 건조 업체로 대우조선해양이 선정됨에 따라 이 회사 고위 관계자와 태국 해군 참모총장 간에 이날 정식 계약이 체결된 것이다. 3,700t급인 이 함정은 레이더에 잘 잡히지 않도록 스텔스 설계가 이뤄지고 대함(對艦)·대공(對空)미사일, 헬기 등으로 무장한다. 태국 해군엔 최고 성능의 함정이 되는데 가격은 5,200억 원에 달한다. 이번 프리깃함 입찰에는 함정 건조 강국인 스페인과 이탈리아 등도 참가해 치열한 경쟁을 벌였지만 결국 국내 업체가 계약을 따냈다.

국내 조선 업체가 세계 함정 시장에서 개가(凱歌)를 올린 것은 이뿐 아니다. 지난 6월 노르웨이 역사상 최대 규모의 군함인 신형 군수지원함 사업을 국내 업체가 수주했다. 앞서 지난해 3월엔 한때 '대영제국'으로 불리며 세계 바다를 제패했던 해군의 종주국 영국에 군수지원함 4척을 수출하는 계약을 대우조선해양이 체결했다. 이 수주 과정에서 좋은 인상을 갖게 된 영국 국방부가 노르웨이 정부에 우리 업체를 적극 추천해 노르웨이 군수지원함 수주에도 큰 도움이 됐다고 한다.

2011년 말에는 대우조선해양의 인도네시아 잠수함 사업 수주가 세계 해군과 조선업계의 화제가 됐다. 재래식 잠수함의 세계 최강국인 독일과 경쟁에서 이겼기 때문이다. 더구나 우리 해군 주력인 209·214급이 모두 독일제이고 우리 조선 업체들이 독일 회사에서 기술을 배워 잠수함을 건조해왔기 때문에 '제자가 스승을 이긴 사건'으로 회자됐다.

이런 결과에 힘입어 지난 수년간 우리 방산 수출에서 함정 분야가 차지하는 비중은 기하급수적으로 높아지고 있다. 전체 방산 수출에서 함정 분야의 비중은 지난 2008년 0.1%에 불과했지만 2009년 11.8%, 2010년 30.8%, 2011년 45.4%로 늘어나 2010년 이후엔 가장 높은 비중을 차지하고 있다. 반면 T-50 초음속 훈련기 등 역대 대통령이 직접 나서 세일즈를 벌여 많은 관심을 끌어온 항공 분야는 2010년 20%, 2011년 35.7%로 함정 분야보다 낮은 수치를 보이고 있다.

그러면 지난 수년간 함정 해외시장 개척에 성공할 수 있었던 비결은 뭘까? 전문가들은 우선 1990년대 말 이후 한국형 구축함, 독도함, 이지스함, 209·214급 잠수함 건조 등 다양한 함정 건조 노하우가 축적돼온 것이 큰 영향을 끼쳤다고 말한다. 이런 해군력 건설 계획이 없었더라면 지금과 같은 수출 성과는 기대하기 어려웠을 것이란 얘기다.

_《조선일보》, 2013년 8월 20일

첨단무기 국산화는
창조경제의 성장엔진이다!

지난 11일 오후 용산 전쟁기념관에 독특한 무기들이 등장해 지나가던 사람들의 눈길을 사로잡았다. 주야간 영상 장비와 기관총 등으로 무장한 무인 로봇 차량, 사람이 몸에 착용하면 무게 수십 kg짜리 배낭을 메고도 가뿐하게 움직일 수 있어 '수퍼맨'으로 만들어주는 '근력(筋力) 증강 로봇', 새를 꼭 빼닮은 소형 무인 정찰기 MAV 등이 전시돼 있었다.

이 로봇들은 박근혜 정부가 국방 무인·로봇 기술을 창조경제의 성장 엔진으로 선정함에 따라 방위사업청과 국방과학연구소 등이 공감대 형성을 위해 개최한 심포지엄에 전시된 것들이었다.

앞서 지난달 22일 박근혜 대통령은 첫 국산 기동 헬기 '수리온' 전력화(戰力化) 기념행사에 참석해 "이제 우리 방위산업이 민간의 창의력과 결합해 창조경제의 꽃을 피우는 핵심 동력이 돼야 한다"고 강조했다. 군과 방위산업계, 학계에서는 이런 움직임에 대해 큰 기대를 갖고 긍정적으로 보고 있다. 그동안 무기를 만드는 방위산업은 민간 분야에 대한 기여가 없는 소모적 존재로만 잘못 여겨지는 경우가 많았기 때문이다.

하지만 동시에 일각에선 일부 사업에 대한 현 정부의 태도를 근거로 정부가 얼마만큼 창조경제와 국방을 접목하려는 의지를 강하게 갖고 있는지 아직 모르겠다고 의구심을 나타내고 있다.

대표적인 것이 한국형 전투기(KFX) 개발 사업 문제다. KFX 사업은 F-4·5 등 노후 전투기를 대체하기 위해 F-16보다 약간 성능이 우수한 중간급(級) 국산 전투기를 개발해 120대를 도입하겠다는 계획이다. 지난 2001년 본격 검토가 시작된 이래 지금까지 10여 년간 KDI(한국개발연구원) 등에서 5차례에 걸쳐 타당성 검토가 이뤄졌다.

본격 개발에 앞선 선행(先行) 개발을 의미하는 탐색 개발에 지난해까지 550여 억 원(우리나라 440억 원, 인도네시아 110억 원)이 이미 들어갔다. 하지만 이명박 정부는 지난해 말 다시 사업 타당성 검토가 필요하다며 개발 예산을 대폭 삭감하고 연구 기관에 검토를 의뢰했고, 현 정부 들어서도 정부 당국의 어정쩡한 태도엔 큰 변화가 없는 듯하다.

이에 대해 국방과학연구소(ADD) 등은 6조 원을 투자해 KFX를 개발하면 해외에서 직접 사오는 것보다 5조 원을 절약할 수 있고 19조 원의 산업 파급 효과, 4만~9만 명의 고용 창출 효과가 있을 것이라고 주장하고 있다. 반면 반대파는 국내 기술력과 수출 가능성 등을 종합적으로 고려할 때 국산 전투기 개발은 실패 위험 부담이 크다고 반박하고 있다.

이런 와중에 흥미로운 것은 직접 전투기를 사용할 공군의 태도 변화다. 공군은 당초 KFX 개발에 부정적이었다. 하지만 1~2년 전부터 이런 기류가 정반대로 바뀌었다. 공군의 한 장성은 "F-15K, F-16 등 수입 전투기를 쓰다 보니 해외 업체들이 수리 부품 가격을 비싸게 부르고 우리가 원하는 시기에 신속하게 부품 공급이 이뤄지지 않는 경우가 많아 국산 전투기 개발을 선호하게 됐다"고 말했다.

전투기 개발에는 천문학적 돈이 드는 만큼 신중한 접근 자세는 중요하다. 그러나 정부가 창조경제와 국방의 핵심 사업이 될 수 있는 KFX에 대해 더 이상 모호한 태도를 보이는 것은 바람직하지 않다는 지적이다. 정부가 강조하는 창조경제란 '패스트 팔로어(빠른 추격자)'에서 '퍼스트 무버(시장 개척자)'로 변신하는 것을 말한다고 한다. 정부가 퍼스트 무버로서 합리적 결정을 내리기를 기대한다.

_《조선일보》, 2013년 6월 19일

공중급유기도 포기하나

지난 1월 초 일본 아이치현의 다카시 고마키 항공자위대 기지에 보잉 767 여객기처럼 생긴 비행기 한 대가 내려앉았다. 보잉 767-200ER 여객기를 공중급유기(空中給油機)로 개조한 KC-767J 였다. 일본이 도입한 네 번째 공중급유기다. 이를 통해 일본 항공자위대는 총 4대의 공중급유기를 보유하게 됐다. 공중급유기는 '날아다니는 주유소'다.

지난해 10월 1일 중국군은 건국 60주년 기념 대규모 열병식에 HY-6 공중급유기를 등장시켰다. HY-6는 구소련의 TU-16 폭격기를 중국이 국산화한 H-6 폭격기를 공중급유기로 개조(改造)한 것이다. 중국은 이와 별개로 지난 2005년 IL-78 공중급유기 28대를 러시아로부터 도입키로 한 것으로 알려져 있다.

이들 강대국뿐 아니라 우리보다 경제 수준이 낮은 페루·말레이시아·알제리·베네수엘라, 그리고 우리보다 국토가 좁은 이스라엘·싱가포르·네덜란드 등도 공중급유기를 보유하고 있다. 세계에서 공중급유기를 갖고 있는 나라는 30여 개국에 달한다.

왜 중소국들까지 공중급유기를 확보하려 애쓰고 있을까? 공중급유기는 전투기의 비행거리, 체공(滯空) 시간을 비약적으로 늘려준다. 기름을 덜 싣고 이륙할 수 있기 때문에 그만큼 폭탄을 더 장착할 수 있다. 공군의 타격력이 더 강하게 더 멀리 뻗게 할 수 있는 것이다. 아프가니스탄에서 미군 폭격기나 전투기들은 공중에서 대기하다가 급히 표적 위치를 통보받아 공습에 나서고 있는데 공중급유기가 없다면 불가능한 작전이다. 유사시 우리 공군도 해야 하는 작전이다. 유엔평화유지(PKO) 활동 등을 위해 멀리 떨어진 세계 각국에 병력이나 장비를 보낼 때에도 공중급유기는 유용하다.

공중급유기 보유 강국(強國)들에 '포위'돼 있는 우리 현실은 어떠한가? 공군은 18년 전인 1992년 공중급유기 도입사업을 처음 수립했다. 하지만 그동안 9차례나 도입계획이 지연(遲延)되면서 아직 착수조차 못하고 있다. 노무현 정부 때 2013년에 도입키로 결정했으나 지난해 예산 부족을 이유로 1년 다시 연기됐다.

최근엔 이 '2014년 도입' 계획마저도 불투명해지는 것으로 알려졌다. 일부 당국자들이 "유사시 미군이 공중급유기를 지원하게 돼 있는데 굳건한 한미동맹을 토대로 이에 의존하면 되지 않느냐"며 문제를 제기하고 있다는 것이다. 우리가 비싼 장비를 사지 않는다면 국방비 절감에는 도움이 될 수 있다. 그러나 한미동맹이 무임승차

(無賃乘車)를 의미하는 것은 아니다. 미(美) 정부나 군 관계자들 사이에 이와 관련해 불만의 목소리가 커지고 있다는 얘기도 들린다.

현재 공군은 공중급유기가 없어 공중급유 훈련을 못하기 때문에 유사시 수백 대의 미 공군 공중급유기가 오더라도 공중급유를 받을 수 없다. 만일 독도에서 한·일간 분쟁이 벌어진다면 공중급유기를 보유한 일본 자위대와 그렇지 않은 한국 공군 사이엔 엄청난 전력(戰力) 차이가 생길 수밖에 없다.

정부는 이미 전략 무인정찰기인 '글로벌 호크'를 한미동맹 회복을 이유로 연기했는데, 공중급유기에도 비슷한 상황이 벌어지고 있다. 우리가 과중한 국방비 부담에 눌려 있는 것은 사실이다. 경제적으로만 보면 국방비는 '낭비'로 보일 수도 있다. 그러나 우리에게 국방력 확보는 어쩔 수 없는 숙명인 것도 분명한 사실이다.

_《조선일보》, 2010년 2월 18일

아프간의 복병 IED

베트남전 이후 최대 규모의 전투병 파병으로 많은 논란이 됐던 이라크 파병 자이툰부대 1진이 쿠웨이트에서 아르빌로 이동 중이던 2004년 9월 5일 바그다드 북쪽지역에서 차량 행렬을 향해 두 발의 로켓이 날아들었다. 두께 30cm의 철판도 관통할 수 있어 가장 위협적인 반군 무기로 꼽혔던 RPG-7 대전차 로켓이었다.

로켓은 다행히 버스 등 자이툰부대 차량 행렬을 아슬아슬하게 빗나가 피해가 발생하지 않았다. 자이툰부대 1진이 쿠웨이트에서 아르빌까지 1,115km를 이동했던 '파발마 작전' 기간 중 자이툰부대 지휘부는 물론 국방장관 등 우리 군 수뇌부가 가장 가슴을 쓸어내렸던 순간이었다.

그러나 이 '사건'은 비밀에 부쳐져 있다가 1개월여가 지난 뒤에야 뒤늦게 알려졌다. 정부와 군 당국이 국민들의 불안감이 커질까 우려했기 때문이었다. 자이툰부대는 그 뒤 지난해 12월 철수할 때까지

연인원 1만 7,700여 명이 파병됐으나 별다른 인명피해 없이 성공적으로 임무를 마칠 수 있었다.

여기엔 여러 요인이 있겠으나 자이툰부대가 IED(Improvised Explosive Device)라 불리는 급조(急造) 폭발물이 드문 안전한 지역에서 작전했던 점도 큰 영향을 끼쳤다는 분석이다. 일종의 사제(私製) 폭발물인 IED는 종전엔 기존의 포탄이나 폭탄을 위장해 원격조종으로 폭발시키는 방식이 많았다. 그러나 점차 도로변 경계석이나 쓰레기통, 페트병, 죽은 개 등 폭발물로 식별하기 어려운 물건들을 활용해 폭발물을 제작, 피해가 늘어나고 있다. 강력한 IED는 장갑차는 물론 미군의 M1A1 주력전차까지 파괴할 정도다.

IED는 이라크에서 미군에게 많은 피해를 줬지만 2007년 이후엔 아프가니스탄에서도 사용 사례가 급증하고 있다. 미 국방부에 따르면 아프가니스탄에서의 IED 공격 건수는 2007년 이후 350% 증가했고, 지난 2년간 IED에 의한 사상자 수는 400%나 늘어났다. 미군은 이에 따라 각종 첨단무기보다 지뢰 폭발에 비교적 잘 견디는 지뢰방호 장갑차량(MRAP) 배치에 최우선 순위를 두고 지난해에만 100억 달러가 넘는 예산을 투입했다.

그러면 이제 아프가니스탄에 300명 안팎의 경계 병력을 파견하기로 한 우리 군의 대비 수준은 어떠한가? 우선 IED에 대처하기 위한 지뢰방호 장갑차량이 전무(全無)한 게 현실이다. 탈레반의 위협이 커지고 있는 아프가니스탄에서 평화재건 활동을 위해 도로상을 이동하며 기지 외부에서 활동을 해야 하는 상황에선 강력한 장갑차량 등 철저한 대비책이 필요하다는 지적이다. 몇 년째 IED와 싸우며 노하우를 축적해온 미군도 피해가 늘고 있는 실정인데 우리 군은 아직까지 IED와 제대로 싸워본 경험도 없다.

IED 대책은 아프가니스탄과 같은 해외파병 준비뿐 아니라 북한 변수와 관련해서도 절실해지고 있는 실정이다. 월터 샤프 주한미군사령관은 지난 9월 북한도 특수부대를 중심으로 IED 활용 훈련을 하는 등 사용법을 터득하고 있다고 밝혔다. 비싼 첨단무기 분야에서 한·미 양국 군을 도저히 따라올 수 없게 된 북한군은 IED가 이라크와 아프가니스탄에서 세계 최강의 미군을 가장 괴롭히는 무기로 '맹활약'하는 모습을 보고 무릎을 쳤을 것이다.

한국군의 아프가니스탄 파병에는 IED 대책 외에도 저격수의 공격에 대응하기 위한 첨단 조준장비와 최신 소총, 신속한 기동을 위한 헬기 지원 등도 필요하다는 지적이 나온다. 이제 한국군의 국제적 역할 확대와 전쟁 양상 변화에 대해 군 수뇌부가 보다 깊은 관심을 갖고 고민하며 대처해야 할 때가 됐다.

_《조선일보》, 2009년 11월 3일

첨단무기를 제대로 쓰려면

"저 근접방공시스템(CIWS)에 달려 있는 작은 카메라가 90만 달러 (약 9억 원)에 달해 훈련 때 매우 조심스럽게 다룹니다."

최근 한국 기자 중 처음으로 미국의 최신예 이지스함 '채피(Chafee)' 를 동승 취재했을 때 미 해군 관계자는 첨단무기 가격이 너무 비싼데 따른 어려움을 털어놨다. CIWS는 구경 20mm 기관포로 날아오는 적 대함(對艦)미사일을 맞혀 떨어뜨리는 무기다. 대당 400만 달러(40억 원)인데 최근 성능 개량을 위해 카메라를 추가로 달았더니 그 카메라 가격만 9억 원에 달했다는 것이다.

이지스함은 최대 1,000km 밖에서 날아오는 항공기나 미사일을 발견하고 10~20여 개의 목표물을 한꺼번에 공격할 수 있어 현대 해군의 총아로 불린다. 그러나 찬사를 받는 만큼 돈도 많이 들어간다. 채피의 경우 기본적인 함정 가격은 우리 돈으로 1조 1,700억 원정도다. 여기에 각종 미사일, 전자 장비 등이 보태져야 함 성능이 제대로 발휘된다.

1,300여 km 떨어져 있는 목표물을 족집게처럼 공격하는 토마호크 크루즈(순항)미사일 180억 원어치, 사정거리가 130여 km에 달하는 스탠더드 함대공(艦對空)미사일 123억 원어치가 각각 들어간다. 이지스함의 심장부인 전투정보센터(CIC)에는 승무원들이 적 항공기나 미사일 움직임을 한눈에 볼 수 있게 해주는 콘솔(console)이 21개, 총 63억 원어치가 설치돼 있다.

이런 것을 모두 합하면 전체 가격은 12억 1,837만 달러(약 1조 2,180억 원)에 달한다. 이를 1달러 지폐로 한 줄로 깔아놓으면 지구를 4.7바퀴 돌 정도다. 배를 움직이는 데도 적지 않은 돈이 필요하다. 최고 속력인 시속 49km 이상으로 달리면 시간당 1,700만 원의 기름값이 든다.

그러면 첨단장비를 갖추고 돈만 들이면 이 '똑똑한' 이지스함은 알아서 척척 움직일까? 그렇지 않다. 미 해군 관계자들은 복잡한 최신 장비를 다룰 숙련된 인력이 구형 함정에 비해 더 많이 필요하며, 이를 위해 승무원들에 대한 교육훈련에 더 많은 시간과 돈을 투자한다고 말한다. 연간 6~8개월 이상의 시간을 훈련 또는 작전을 위해 바다에서 보낸다. 레이더, 소나(음향탐지장비) 등 첨단장비를 다룰 전문 인력을 양성하는 데는 1~3년 이상의 시간이 필요하다고 한다. 9,000t이 넘는 이지스함을 움직이려면 숙련된 승무원 300여 명이 있어야 한다.

이제 우리 군에도 이런 천문학적인 비용의 첨단무기가 더 이상 남의 얘기가 아니다. 첫 국산 이지스함으로 지난해 진수(進水)된 세종대왕함이 올해 말 실전 배치돼 우리 해군이 본격적으로 운용할 예정이기 때문이다. 세종대왕함도 건조비용만 1조 원가량 든 것으로 알려져 있다. 이미 두 척이 진수된 1,800t급 잠수함은 한 척당 3,500억 원이다. 올해 말까지 40대가 도입될 공군 F-15K 전투기는 대당 1,000억 원이고, 차기 전차 '흑표'는 대당 80여 억 원, 차기 보병 전투차량 XK-21은 대당 40여 억 원이다.

이런 고가(高價)의 첨단무기가 제대로 성능을 발휘하려면 우리 군은 숙련된 인력 양성에 더 큰 관심과 노력을 쏟아야 할 수밖에 없다. 미국 최신예 이지스함을 며칠간 타고 가까이서 지켜보면서 엄청난 돈이 든 첨단장비도 결국은 사람이 움직이는 것이며, 사람이 가장 중요하다는 평범한 진리를 새삼 깨달았다.

_《조선일보》, 2008년 8월 18일

전략무기 선택의 조건

27일 카자흐스탄 바이코누르 우주기지에서는 유럽연합(EU)의 '갈릴레오 프로젝트'에 따른 두 번째 위성이 발사됐다. 갈릴레오 프로젝트는 유럽연합의 독자적인 위성 항법 시스템을 만드는 사업이다.

유럽연합뿐 아니라 중국, 러시아 등도 전 세계적으로 널리 쓰이고 있는 미국의 위성 항법 시스템 GPS와는 다른 위성 항법 시스템을 구축 중이다. 중국은 지난해 초까지 '베이더우(北斗)'라 불리는 독자 위성 항법용 위성을 5기나 발사했다. 러시아도 같은 목적으로 총 24기의 '글로나스(GLONASS)' 위성을 2010년까지 발사할 계획이다.

왜 이런 나라들은 공짜로 쓸 수 있는 GPS와 별개로 막대한 돈을 들여 독자적인 위성 항법용 위성들을 쏘아 올릴까? GPS는 원래 미국에서 군사용으로 개발된 것이다. 하지만 뒤에 민간에도 개방돼 차량 내비게이션 등에도 광범위하게 활용되고 있다.

GPS가 등장한 이후 크루즈(순항)미사일을 비롯한 각종 미사일이나 폭탄에 GPS 유도방식이 널리 쓰이고 있다. 날씨나 지형의 영향을 받지 않고 정확하게 목표물까지 유도할 수 있기 때문이다. 이라크전이나 아프가니스탄전에 널리 쓰인 합동직격탄(JDAM)이나 최신형 토마호크 크루즈미사일도 GPS 위성에 의해 목표물까지 날아간다.

그러나 군사적 측면에서 GPS는 치명적인 문제도 갖고 있다. 미국이 특정 국가에 대해 GPS를 사용하지 못하게 하거나 정밀도를 고의적으로 떨어뜨릴 수 있도록 해놓았다는 점이다. 중국이나 러시아가 자국(自國)의 미사일 유도에 GPS를 활용한다면 유사시 이들 미사일은 미국에 의해 눈뜬장님처럼 무용지물(無用之物)이 될 수도 있다. 강대국들이 독자적인 위성 항법 시스템을 만드는 이유 중의 하나다.

국방부가 지난 25일 도입 계획을 발표한 미국의 JASSM(합동공대지장거리미사일)급도 GPS로 유도된다. JASSM은 GPS와 관성항법장치(INS)로 유도돼 400km 이상 떨어진 목표물을 정확하게 공격할 수 있다.

국방부는 아직 도입 미사일이 확정되지 않았다고 밝히고 있지만 한미관계, 미국제 위주로 돼 있는 공군 무기체계 구성 등을 감안할 때 JASSM으로 결정될 가능성이 높다는 전망이 많다. 그러나 공군이 도입할 장거리 공대지(空對地)미사일은 현재 북한의 위협은 물론 통일 이후 주변국의 위협에도 대처할 수 있는 것이어야 하며, 이 점을 주된 고려 요소로 삼아야 한다는 지적도 적지 않다.

유사시 중국이나 일본 등의 위협에 대응한다는 측면에서 볼 때 GPS로 유도되는 JASSM은 큰 약점이 있다. 지하 30~50m 이상 깊숙이 설치돼 있는 북한의 지하 목표물을 공격하는 경우에도 JASSM은 파괴력이 약하다. 지금까지의 개발 과정에서 여러 문제점이 나타나 개발이 지연될 것이라는 전망도 나온다.

그래서 미국제는 물론 유럽에서 만들어진 미사일들도 평가 대상에 포함시켜 객관적인 평가를 해야 한다는 주장이 제기된다. 독일과 스웨덴이 공동으로 개발한 '타우러스'는 최대 사정거리가 500km 이상으로 파괴력도 JASSM보다 강하며 GPS 유도 없이 목표물을 공격할 수 있는 것으로 알려져 있다. 프랑스·영국이 개발 중인 '스칼프/스톰 섀도' 미사일도 JASSM에 버금가는 성능을 가진 것으로 평가된다.

장거리 공대지미사일은 전쟁이 났을 때 우리 군이 상대방을 때릴 수 있는 범위를 크게 늘려줄 가장 중요한 전략무기 중의 하나다. 그만큼 국방부의 전략적 안목과 판단이 절실해지는 시점이다.

_《조선일보》, 2008년 4월 29일

해적海賊 우습게 보다 큰코다친다

약 9년 전인 2000년 10월 12일 오전 11시 18분 예멘의 아덴항에 정박 중이던 미국의 이지스 구축함 콜(Cole)호에 정체불명의 소형 보트 한 척이 돌진해왔다. 폭발물을 가득 실은 이 보트는 콜호의 선체 옆 부분에 충돌, 폭발했다. 보트에 의한 자살폭탄 테러였다.

테러 결과는 참담했다. 17명의 승무원이 숨졌고 37명이 부상했다. 선체에는 가로 12m, 세로 18m의 큰 구멍이 뚫렸다. 당시 콜호는 실전 배치된 지 4년밖에 안 된 미 해군의 최신예 8,000t급 이지스 구축함이었다. 반경 500km 이내의 항공기나 선박 등 900여 개의 목표물을 동시에 탐지·추적하는 '천리안'을 가졌다는 첨단 함정이 원시적인 보트의 자살공격에 당한 것이다. 그 뒤 미 해군은 가까운 거리에서 적이 공격할 때 막을 수 있는 기관총 및 기관포의 숫자와 종류를 늘려 함정에 장착했다. 2001년 9·11 테러 이후엔 단시간에 많은 기관총탄을 쏠 수 있는 미니건(minigun)을 함정에 다는 경우가 늘어났다.

지난달 20일 정부는 해군 함정을 소말리아 해역에 파견하는 동의 안을 국무회의에서 심의·의결했다. 25일엔 국방부와 외교부·합참·해군 등 정부와 군 관계자 10여 명으로 구성된 현지 협조단을 지난 해에 이어 두 번째로 파견하는 등 파병 준비에 속도를 내고 있다. 몇년 전부터 각국 선박을 잇달아 납치해 국제적인 관심을 끌고 있는 소말리아 해적은 겉보기엔 보잘것없는 존재 같을 수도 있다. 해적들이 탄 모선(母船)은 40~50t 규모에 불과하고 해적들은 보통 2~3척의 소형 보트를 타고 공격한다. 무장은 AK-47 등 각종 소총과 RPG-7 로켓추진 유탄발사기 등이 고작이다.

반면 우리 해군이 파견할 5,000t급 한국형 구축함의 무장은 막강하다. 150여 km 떨어져 있는 적 함정을 격침할 수 있는 국산 함대함미사일 '해성(海星)'과 사정거리 100km가 훨씬 넘는 스탠더드 SM-2 함대공미사일, 36km 떨어진 함정을 공격할 수 있는 구경 127mm 함포, 구경 30mm '골키퍼' 근접방공시스템(CIWS) 등을 갖추고 있다. 적 잠수함이나 함정을 잡는 링스 헬기도 탑재한다.

문제는 막상 소말리아 해적들의 기습을 막는 데 유용한 무기는 적다는 점이다. 한국형 구축함에는 K-3, K-6 기관총 등을 갖추고 있으나 숫자가 많지 않은 것으로 알려져 있다. 때문에 구경 20~25mm 기관포 등 보다 강력한 화력을 가진 기관포의 필요성이 제기된다.

해적 소탕작전에서 가장 중요한 특수부대원들의 장비 개선과 헬기 보강 문제도 적극적으로 검토돼야 할 사안으로 꼽힌다. 프랑스도 특수부대를 투입해 해적을 제압하고 인질을 구출했다. 우리 군 당국도 최정예 해군 특수부대인 UDT/SEAL을 구축함에 태워 파견할 계획이다. 특수부대원들이 타고 이동할 고속단정과 소탕작전을 벌이는 특수부대원, 구축함과의 통신 시스템 구축, 현재 보유 중인 것보다 우수한 기관단총 및 저격용 소총 등이 필요하다.

한국형 구축함에 탑재되는 링스 헬기는 많은 특수부대원들을 태우는 데 한계가 있기 때문에 미군 등 다른 나라 중대형 헬기의 지원을 받는 방안에 대한 검토도 이뤄져야 할 것이다. 해군 함정의 소말리아 파견은 우리 파병 사상 처음으로 이뤄지는 것이어서 국민적 기대도 그만큼 크다. 기대가 실망으로 바뀌지 않도록 만반의 채비를 갖춰야 할 것이다.

_《조선일보》, 2009년 2월 2일

다국적 해외훈련 참가 확대해야

미국 네바다주 도박과 엔터테인먼트의 도시 라스베이거스 바로 옆에는 넬리스(Nellis) 기지라 불리는 거대한 공군기지가 있다.

남한 절반 크기에 달하는 거대한 공중전 훈련장을 갖고 있는 이 기지에선 해마다 세계 최대 규모의 다국적 공중전 훈련인 '레드 플래그(Red Flag)' 훈련이 개최된다. 지난달 열린 레드 플래그에는 우리 공군의 최신예기인 F-15K 전투기 6대와 20여 명의 조종사를 비롯, 정비사·무장사 등 80여 명이 참가했다. 우리 공군의 레드 플래그 참가는 16년 만이었다.

비록 언론의 큰 주목을 받지는 못했지만 이번 훈련 참가는 통상적인 훈련과는 다른 상징적 의미가 적지 않은 것 같다. 우선 매우 실전적인 훈련 기회를 가졌다는 점이 꼽힌다. 레드 플래그는 청팀(아군)과 홍팀(적군)으로 나눠 공중전, 지상 폭격훈련 등을 하는데 가상 적군은 고도로 훈련된 '선수'들이다. 베트남전 때 미 공군 전투기들이 공중전에서 적기를 격추하는 비율이 급격히 떨어지자 1976년 공중전 기동훈련을 전담할 훈련부대를 창설한 것이 레드 플래그의 출발점이다. 그만큼 가상 적군은 러시아 등 가상 적군의 무기체계와 전술을 거의 그대로 구사한다.

이번 훈련에선 러시아, 중국, 북한의 최신예기인 MIG-29, SU-27 전투기 등의 역할을 맡은 가상 적군과 우리 공군의 F-15K가 가상 공중전을 벌였다. F-15K는 또 SA-2 등 구소련제 대공미사일로 구성된 방공망을 뚫고 스커드 미사일 등 지상 목표물을 첨단 GPS(위성항법장치) 유도폭탄으로 파괴하기도 했다. SA-2는 현재 북한 방공망의 주력 미사일이다.

장거리 공수훈련 경험, 군사외교 등도 훈련 참가의 부산물이다. 이번에 공군은 외국군의 도움을 받지 않고 우리 힘으로 F-15K를 정비하고 띄우기 위해 50여 명의 군수 전문 요원과 C-130 수송기 2대를 투입, 우리나라에서 미국까지 필요한 물품을 날랐다.

오랜만에 해외 훈련에 참가한 공군과 달리 해군은 '림팩(RIMPAC·환태평양)'이라 불리는 세계 최대의 격년제 다국적 연합훈련에 1990년 이후 계속 참가해왔다. 지난 7월까지 미국 하와이 근해에서 실시된 올해 훈련에 우리 해군은 한국형 구축함 문무대왕함(5,000t급) 등 수상함 2척과 209급 잠수함 이순신함, P-3C 해상초계기 1대, 링스 대잠헬기 2대 등 지금까지의 참가 전력 중 가장 큰 규모를 파견했다. 해군은 1990년대 림팩 훈련 때 5,000t이 넘는 다른 참가

국 함정들의 3분의 1 크기에 불과한 함정을 갖고 참가, 해군력 열세의 비애를 절실히 느꼈고, 이는 이지스함까지 보유한 현재의 해군력 건설에 자극제가 됐다고 한다.

이런 해외훈련에 참여하지 않는다면 우리 군은 어떤 상황에 빠질까? 이번 림팩 훈련에서 해군은 하푼 대함(對艦)미사일 등 미사일 네 발을 실제로 쐈다. 좁은 국내 훈련장에선 이런 미사일 발사훈련을 하기가 어렵다. 아무리 고가(高價)의 첨단 미사일을 많이 갖고 있다 하더라도 실제 발사 훈련을 하지 못한다면 실전에서 제대로 쓰는 데 한계가 있을 수밖에 없다.

현 정부가 강조하고 있는 우리 군의 유엔 평화유지활동 참여 등 국제적 역할 확대도 해외훈련 경험이 뒷받침되지 않으면 군수보급 등 여러 면에서 어려움에 봉착할 것이다. 우리 군이 다국적 해외훈련 참가를 확대해야 하는 이유가 여기에 있다.

_《조선일보》, 2008년 9월 9일

해외 국민 보호할 능력 갖춰야

1976년 7월 3일 오후 이스라엘 특공대원 100여 명을 태운 C-130 수송기 4대가 F-4 팬텀 전투기의 호위를 받으며 이스라엘 내 기지를 이륙했다. 이들의 목적지는 이스라엘에서 3,840km나 떨어진 우간다의 엔테베 공항. 그곳에는 이스라엘인 위주의 승객 106명이 탑승한 에어프랑스기가 팔레스타인 게릴라에 의해 납치된 뒤 억류돼 있었다.

이스라엘군은 7월 4일 0시를 기해 '선더 볼트(Thunder Bolt)'로 명명된 구출작전을 시작했다. 52분 만에 끝난 작전 결과 7명의 납치범 전원이 사살됐고 이스라엘은 특공대원 1명과 인질 3명이 목숨을 잃는 데 그쳤다.

가장 성공적인 인질 구출작전 사례로 꼽히는 '엔테베 작전'은 이렇게 이뤄졌다. 영화 속에선 엔테베 작전처럼 특수부대원들이 납치범들을 효과적으로 제압하고 인질들의 희생 없이 구출에 성공하는 것으로 묘사되는 경우가 많다. 하지만 현실은 그렇지 않다.

1985년 10월 이집트항공의 B-737여객기가 말타에서 팔레스타인 무장단체에 납치되자 이집트는 특수부대인 777부대를 출동시켜 구출작전을 폈다. 그러나 서투른 작전으로 110명의 인질 중 57명이 사망하고 40명이 부상하는 등 거의 모든 인질이 죽거나 다쳤다. 1980년 4월 미국은 주이란 미국대사관 인질 52명을 구출하기 위해 2개 항모전투단과 6대의 대형 헬기 등을 투입한 대규모 작전을 폈으나 미군 항공기 간의 충돌사고로 작전을 제대로 시작도 못해 보고 대실패로 끝이 났다.

탈레반에 의한 한국인 인질 사태로 벌써 2명의 우리 국민이 목숨을 잃고 장기화되면서 구출작전 문제가 점차 수면 위로 부상하고 있다. 그러나 안타깝게도 현실은 구출작전의 위험 부담이 너무 크다는 것을 보여주고 있다. 물론 특전사 소속 707부대 등 우리 한국군에도 해외에서 구출작전을 펼 수 있는 훈련된 정예 특수부대가 있다. 하지만 인질 억류 장소와 상태 등에 관한 정보, 특수부대 침투 수단 등에 있어서 미군과 아프가니스탄군에 의존할 수밖에 없다.

그러면 이런 현실을 한탄만 하고 있어야 하는가? 전문가들은 이제 우리나라도 해외에서 활동 중인 우리 국민을 보호하고 유사시 구출할 수 있는 역량을 갖춰야 할 때가 됐다고 지적한다. 유엔 평화유지군으로 해외에 파병되는 등 국제적 역할이 커지고 해외에서 부자 나라로 인식되는 경우가 많아져 우리 국민이 무장단체 등에 납치되는 사례가 늘어날 가능성이 커졌기 때문이다.

국제적인 역할이 많은 강대국일수록 해외에서의 대규모 재해·재
난시 재외(在外) 자국민들을 안전하게 탈출시키거나 인질로 잡혔을
때 구출할 수 있는 대비책을 세워놓고 있다. 주한미군은 유사시에
대비, 한국 내 미국인들이 공중과 해상으로 한반도를 긴급 탈출하는
비(非)전투원 소개훈련(NEO)을 매년 두 차례씩 실시하고 있다. 99
년 인도네시아 정정(政情) 불안 때 우리 교민 구출을 위해 적극적인
조치를 취하지 않은 우리 정부와 달리 일본은 대형 수송함까지 파견
해 자국민을 긴급 철수시키기 위한 노력을 기울였다.

소말리아에서 해적들에게 우리 선원들이 납치된 지 80일이 다 돼
가지만 우리 정부는 구출을 위한 별다른 조치를 취하지 않아왔다.
해외에서 활동 중인 우리 국민들을 국가가 보호해주지 못한다면 국
민들의 애국심도 약화될 수밖에 없다는 사실을 정부는 유념해야 할
것이다.

_《조선일보》, 2007년 8월 1일

10년 만의 국제관함식

10년 전인 1998년 10월 13일 부산 앞바다. 3,500t급 한국형 구축함인 광개토대왕함 함미(艦尾) 갑판에 김대중 당시 대통령 등이 탄 전용 헬기 '슈퍼 퓨마'가 내려앉았다. 건국 및 건군 50주년을 기념하기 위한 제1회 국제 관함식(觀艦式)에 참석하기 위해서였다. 관함식은 군 통수권자가 군함을 한곳에 집결시켜놓고 전투태세와 군기를 검열하는 해상 사열의식이다.

광개토대왕함은 대통령이 직접 타고 해상 사열을 실시하는 좌승함(座乘艦)이었다. 그러나 길이 135m인 광개토대왕함의 헬기 이착륙 갑판은 중형 헬기인 '슈퍼 퓨마'를 싣기엔 너무 좁고 버거워 보였다. 당시 관함식엔 미국 7함대 소속 재래식 추진 항공모함 키티호크 등 11개국 20여 척의 함정이 참가했다. 우리 해군 전투함으로는 3,500t급이 가장 컸고, 잠수함은 장보고급(1,200t)이 고작이었다. 대통령과 군 수뇌부를 제외한 취재진과 관람객들은 9,000t급 군수지원함인 화천·대청함을 타고 관함식을 구경했다.

그로부터 10년이 흐른 지난 3일, 부산 앞바다에선 제2회 국제 관함식 최종 예행연습이 펼쳐졌다. 건국 및 건군 60주년을 기념하기 위한 행사다. 이번에 군 최고 수뇌부가 타는 좌승함은 5,000t급 한국형 구축함인 강감찬함이다. 광개토대왕함에 비해 크고 무장도 강화된 최신예 함정이다.

많은 취재진과 시민들은 10년 전의 군수지원함 대신 아시아 최대의 상륙함인 독도함에서 예행연습을 지켜봤다. 1만 8,000t급인 독도함은 길이 199m의 비행갑판을 갖고 있어 헬기 5대가 동시에 뜨고 내릴 수 있다. 과거 우리에겐 '그림의 떡' 같은 함정이었다. 그런 배들이 한두 가지가 아니다. 국산 첫 이지스 구축함인 세종대왕함과 214급(1,800t) 잠수함 손원일함, 고속 공기부양정 LSF-Ⅱ 등도 그림의 떡 같았던 함정들이다.

참가 규모도 10년 전에 비해 훨씬 커졌다. 오는 7일 관함식의 절정인 해상 사열식엔 중국·러시아 함정이 처음으로 참가하는 것을 비롯, 12개국 50여 척의 함정이 등장한다. 일본 요코스카의 미 7함대에 처음으로 배치된 원자력추진 항공모함 '조지 워싱턴', 중국·일본의 4,700t급 구축함 등도 모습을 나타낸다.

격세지감(隔世之感)을 느끼게 할 만한 변화요, 발전이다. 인터넷에 올라온 관함식 예행연습 사진과 동영상을 보고 많은 네티즌들이 열광하고 있다. 어떻게 이런 변화가 가능했을까?

전문가들은 10~15년 전부터 치밀한 조함(造艦) 계획을 세워 단계적인 함정 건조를 추진해온 결과라고 지적한다. 1,800t급 함정에서 3,500t급으로, 3,500t급에서 5,000t급으로, 그리고 수상함정의 정점으로 불리는 이지스함에 이르기까지 점차 급(級)을 올려 웬만한 함정은 우리 손으로 모두 건조할 수 있게 됐다. 세종대왕함은 미국을 제외하곤 전 세계 이지스함 가운데 가장 강력한 공격력을 자랑한다.

하지만 10년 뒤의 해군 관함식도 지금처럼 박수를 받을 수 있을까? 중국·일본 등 주변국의 군사력 증강 움직임, 우왕좌왕하는 듯한 차기 해군력 건설계획 등을 볼 때 장담할 수 없다는 생각이다. 제2회 해군 국제 관함식은 한 국가가 군사력 건설계획을 세울 때 먼 장래를 내다보는 장기적인 안목과 치밀한 계획이 왜 중요한지를 상징적으로 보여주고 있다.

_《조선일보》, 2008년 10월 6일

기초가 부실한 대한민국 육군

(장면 1) 지난 11일 폭우가 쏟아지는 가운데 우리 육군의 모 최정예 사단을 견학차 방문했던 민간인 A씨는 이 부대의 막사(내무반)를 보고 깜짝 놀랐다. 1개 소대(약 40명)가 침상에 누워 자는 구형 내무반으로 비가 오면 천장에서 비가 샐 정도로 낡아 있었다. 막사 뒷편에는 토사가 흘러내리는 '슬라이드' 현상이 발생, 매몰 사태 우려 때문에 장병들이 대피해 있는 상태였다. 이 막사는 2015년쯤 개선될 예정이라고 한다.

(장면 2) 군 고위 장성 B씨는 최근 남북 분단의 상징으로 국내외 시선이 집중돼 있는 판문점 공동경비구역(JSA) 한국군 경비대대를 방문했다가 자기 눈을 의심했다. 일부 JSA 대대원들이 파편을 막을 수 있는 조끼 안쪽에 방탄판을 청테이프로 붙여서 입고 있었기 때문이다. JSA는 남북 양측이 수십 m의 거리에서 팽팽히 마주하고 있어 언제든지 충돌이 발생할 수 있고 그만큼 어느 부대보다 총탄을 막을 수 있는 신형 방탄복이 최우선적으로 보급돼야 한다. 그럼에도 제대

로 된 방탄복이 없어 볼썽사나운 '청테이프' 방탄복을 입고 있었던 것이다.

(장면 3) 지난 14일 저녁 최근 인기를 끌고 있는 한 공중파의 군 예능 프로그램에서 장비와 병력이 강을 건널 수 있게 해주는 부교(浮橋)를 설치하는 장면이 방송됐다. 렌치를 돌려 부교들을 연결하거나 밧줄을 당기는 힘들고 위험한 작업을 맨손으로 하거나 사제(私製) 장갑을 끼고 하는 모습들이었다. 이 방송을 본 한 예비역 장교는 "전투복·전투화뿐 아니라 힘든 작업을 하는 공병부대에 대한 장갑 보급과 같은 기본적인 데에도 신경을 써야 할 것"이라고 말했다.

이런 육군의 모습은 그동안 알려진 대한민국 육군의 외형(外形)과는 상당한 차이가 있다. 겉으로 드러나 있는 육군의 모습은 해·공군에 비해 대군(大軍)이고 가진 것도 많은 존재다. 육군 병력은 52만 명으로 우리 군 총병력(65만 명)의 80%를 차지한다. 440여 명에 달하는 군 장성 중에서도 육군의 비중은 해·공군에 비해 압도적으로 높다.

하지만 정작 육군의 몸 속으로 들어가 살펴보면 실상은 어떨까? 유사시 맞붙게 될 북한 지상군과 비교해보면 과다한 체지방을 갖고 있어 근육이 약한, 기초가 부실한 군대가 아닌가 하는 의구심을 지울 수 없게 된다. 특히 '창끝부대'로 불리며 지상군의 기초부대라 할 수 있는 대대급 이하 전투력을 살펴보면 그렇다. 가장 말단 부대인 분대의 경우 우리 육군은 9~10명을 기준으로 하고 있는 반면, 북한

군은 12명으로 구성돼 있다.

초급부대의 화력 면에서 북한군은 더 압도적이다. 북한은 분대마다 RPG-7 대전차 로켓 2문과 저격용 소총 등으로 무장하고 있다. 초급 지휘관의 경우 분대장을 우리 육군은 경험이 짧은 하사급이 맡는 반면, 북한군은 입대 5년이 지난 중사급이 맡고 있다. 트럭·지프 등 각종 차량의 80%가 수명연한(12년)을 넘는 등 육군 장비의 노후 문제도 심각하다고 한다.

국방부와 육군은 병력을 줄이는 대신 장비를 현대화해 이런 '부실 문제'를 해소하겠다는 계획이다. 문제는 '부실 문제'를 해소하는 사업은 군내 예산 우선순위에서 뒤로 밀려 있다는 점이다. 1개 대대를 현대화하는 데에만 190여 억 원의 돈이 든다고 한다. 현대전은 과거보다 지상군보다 해·공군의 역할이 커질 수밖에 없다. 하지만 북한 급변사태시 안정화(치안유지) 작전 등 한반도에서 육군의 역할은 여전히 중요한 부분들이 남아 있다. 기초가 부실한 육군을 더 이상 방치할 수 없는 이유가 여기에 있다.

_《조선일보》, 2013년 7월 17일

아직 숙제가 많은 해병대

"국가 전략기동부대로는 육군 1개 기동군단보다 해병대를 지정하는 것이 바람직합니다."

지난 17일 서울 용산 전쟁기념관에서 열린 제11회 해병대 발전 국제 심포지엄에서 육군 예비역 대령인 대학교수가 이 같은 주장을 펴 눈길을 끌었다. 그는 막강한 화력을 갖춘 육군 기동군단과 해병대를 각각 국가 전략기동부대로 지정했을 경우의 장단점들을 종합적으로 분석평가한 결과 해병대를 지정하는 것이 더 타당성이 높았다고 밝혔다.

지난해 11월 북한의 연평도 포격 도발 이후 해병대의 역할 및 위상을 강화해야 한다는 주장이 종종 나오고 있다. 대통령 직속으로 설치됐던 국방선진화추진위원회도 지난해 말 해병대를 국가 전략기동군으로 발전시키고 병력과 장비를 대폭 증강해야 한다는 의견을 냈다. 지난 6월엔 해병대사령부를 모체(母體)로 백령도와 연평도 등 서북도서 방어를 책임지는 서북도서방위사령부가 창설됐다. 지난해 서북도서에 불과 12문밖에 없던 K-9 자주포도 3배 이상 늘었고, 처음으로 AH-1 '코브라' 공격용 헬기와 '구룡' 다연장 로켓도 배치됐다. 지난달부터 국군조직법, 군(軍)인사법 개정안 등이 시행돼 1973년 해병대사령부가 해체돼 해군본부로 통폐합된 지 38년 만에 해병대가 독립적인 지휘권한을 행사할 수 있게 된 점도 큰 변화로 꼽힌다.

그러면 이제 우리 해병대는 북한의 추가도발을 억제하는 데 제 역할을 충분히 할 수 있을까? 하지만 전문가들은 아직도 해결해야 할 숙제들이 적지 않게 남아 있다고 말한다. 우선 경기도 김포 지역 등을 방어하고 있는 해병대 2사단 등의 임무를 바꿀 필요성이 제기된다. 해병대는 기본적으로 최전방 철책선을 지키는 방어용 부대가 아니라 유사시 북한지역에 상륙해 타격을 가하는 전략 기동타격 부대다. 그런데 현재 2개 사단과 1개 여단을 보유하고 있는 해병대는 이 중 1개 사단과 1개 여단이 최전선 경계를 맡으면서 발목이 잡혀 있다. 김포 지역 경계작전을 육군이 맡고 해병대 2사단은 후방으로 재배치돼 전략기동부대로 제 역할을 한다면 북한 도발에 큰 억제효과를 거둘 것이라는 평가다. 우리 해병대의 존재로 북한 8개 사단과 7개 여단이 우리 군의 상륙작전 대비에 묶여 있고, 전면전 때는 북한 4개 기계화군단과 1개 기갑군단의 전방 투입을 억제하는 효과가 있다는 분석도 있다.

아직 군내에서 '가장 춥고 배고픈 군대'로 불리는 해병대의 장비와 물자 보강도 숙제다. 해병대 1개 사단의 장비는 육군 1개 사단에 크게 못 미친다. 1999년 제1연평해전 직후 백령도에는 최신예 K-9 자주포가 육군보다 먼저 배치되는 '사건'이 있었다. 이는 육군 출신인 조성태 당시 국방장관의 강한 의지가 아니었으면 불가능했을 것으로 지금도 회자된다. 또 현대적인 상륙작전에는 헬기가 필수적인데 해병대가 직접 보유한 헬기가 아직 한 대도 없고, 오는 2016년에야 도입될 상륙기동헬기의 관할권을 놓고 해군과 해병대가 치열한 기싸움을 벌이고 있는 상태다.

23일로 연평도 포격 도발 1주기를 맞는다. 1년 전의 희생과 상처가 헛되지 않도록 해병대의 진정한 변화와 발전을 기대해본다.

_《조선일보》, 2011년 11월 23일

춥고 배고픈 해병대

17년 전인 1993년 8월 당시 권영해 국방장관은 군 최고수뇌로서는 매우 이례적으로 백령도에 직접 헬기를 타고 가 순시했다. 권 장관은 백령도에 주둔 중인 해병대 간부들의 후생복지 시설도 둘러봤다.

당시 부사관 등 간부들의 숙소는 충격적이었다. 20여 m²(8~9평)에 불과한 작은 크기에 지은 지 30년이 다 돼 물이 새거나 난방이 제대로 안 되는 곳이 많았다. 깜짝 놀란 권 장관은 숙소 등 후생복지 시설의 조속한 개선을 지시, 이듬해 개선이 추진됐다.

'귀신 잡는 해병'으로 불리는 해병대는 그 용맹성에도 불구하고 군내에서 '춥고 배고픈' 군대로 불려왔다. 예산 배정이나 각종 사업의 우선순위에서 타군(他軍)에 밀려왔기 때문이다. 해군에 속해 있는 해병대는 해군 내에서도 힘이 없는 군(軍)으로 평가된다. 군기가 빠져 있거나 군인답지 않다는 것이 아니라 예산확보에서 밀린다는 얘기다.

우리 군은 지금까지 육군 중심이어서 해·공군은 '소군(小軍)'으로 분류돼왔다. 그 '소군'인 해군 내에서도 해병대는 힘이 없으니 우리 해병대가 각종 전력증강 사업이나 장병들의 후생복지 부문에서 얼마나 어려운 위치에 있었는지는 짐작하기 어렵지 않다.

현재 해병대 병력은 2만 6,800여 명으로 전체 군병력의 3.4%를 차지하고 있지만 예산은 전체 국방비의 2%에 불과하다. 각종 무기와 장비를 도입하는 방위력개선비 분야는 더 열악하다. 금년도 해병대 경상운영비는 전체 국방비의 3.1%인 반면 방위력개선비는 1.7%에 불과하다. 금년도 해병대 방위력개선비는 1,620억 원. 공군 F-15K 전투기(대당 1,000억 원) 2대 값에도 못 미치고 육군 차기전차 '흑표'(약 80억 원)의 20대 가격에 불과하다. 해군 이지스함 1척(1조 원)의 5분의 1에도 못 미친다. 해병대는 지난해와 올해 대(對)포병레이더, K-9 자주포, K-1 전차 등의 전력증강을 요구했으나 예산에 반영되지 않았다.

전략가들은 서해 5도가 북한에는 비수와 같은 전략 요충지라고 말한다. 한 전직 해군 수뇌는 "연평도에 대해 언론에서 북한에 눈엣가시라고 하는데, 눈엣가시가 아니고 목구멍의 비수이며 백령도는 옆구리의 비수"라고 표현하기도 했다. 이들 서해 5도는 모두 해병대가 지키고 있다. 북한의 연평도 포격사건 이후 군 대응의 문제가 제기되고 있지만 현장에서 싸운 해병대 장병들은 비교적 잘 대처했다는 평가들이 적지 않다. 북한군 포탄이 옆에서 터져 철모에 불이 붙고 얼굴에 화상을 입었는데도 정신없이 대응사격을 한 해병대 병사의 얼굴 사진이 화제가 되기도 했다.

　해병대는 대한민국 군대 중 전쟁이 났을 때 제대로 싸울 수 있는 몇 안 되는 최정예 군 중의 하나로 꼽힌다. 이 해병대를 잘 싸울 수 있게 하려면 육군 출신 군 수뇌부 인식부터 바뀌어야 한다. 이것이 힘든 훈련을 각오하고 해병대에 자원하는 우리 젊은이들의 열정과 애국심에 답하는 길이다.

_《조선일보》, 2010년 11월 30일

파병과 국익

'저러다 진짜 다치면 어떻게 하지….'

지난 5월 말 방한한 모하메드 UAE(아랍에미리트) 왕세자를 안내해 경기도 특전사 훈련장을 방문한 김태영 국방장관은 대테러 훈련 시범을 보면서 속으로 걱정했다고 한다. 특전사가 실전적인 훈련장면을 보여주기 위해 건물 옥상에서 밧줄을 타고 내려오다 창문으로 침투하는 장면에서 실제로 유리를 끼워놓고 깨면서 들어가는 장면을 연출했기 때문이다. 보통은 깨진 유리에 다칠 수 있는 위험성 때문에 유리를 끼워놓지 않고 훈련을 한다.

당시 특전사 최정예 부대인 707 요원들은 모하메드 왕세자와 김장관 등이 앉아 있던 관람석 앞에 방탄유리를 세워놓고 공포탄 대신 실탄을 쏘면서 테러진압 훈련을 했고, 테러범 모형 인형 안엔 붉은색 물감을 집어넣어 현실감을 더했다.

시범이 끝나고 돌아오는 길 차 안에서 UAE 부총사령관을 겸하고 있는 왕세자는 김 장관에게 "대한민국 특전부대가 세계 최고"라고 극찬했고, 지난 8월엔 UAE를 방문한 김 장관에게 "우리 특수전 부대를 한국군처럼 키우고 싶다"며 특전사 파병을 요청했다.

UAE가 관심을 갖고 있는 군사분야는 이뿐 아니다. 지난 6월 방한한 UAE 지상군사령관은 첨단기술을 활용한 육군 과학화전투훈련장(KCTC)을 방문한 뒤 "훈련장을 통째로 옮겨가고 싶다"는 말을 한 것으로 알려졌다. KCTC는 레이저 광선을 활용해 실제 실탄을 쏘지 않고도 쏜 것과 같은 훈련 효과를 거둘 수 있는 최신 훈련시설이다. 우리나라가 UAE 원전계약을 수주한 뒤 UAE 군 관계자들은 지금까지 14차례나 우리나라를 방문해 정보, 군수, 과학기술, 방산협력 등 다양한 분야에서 양해각서(MOU)를 체결했다.

UAE뿐 아니라 아프리카, 동남아, 남미 국가들이 종전 평화유지군과는 다른 성격의 군사협력을 요구하고 있다고 한다. 리비아, 탄자니아, 콩고인민공화국, 말레이시아 등에선 전력(戰力) 증강을 위한 중기계획서의 입안 및 작성지원을 요청해왔다. 알제리 국방부는 지난 2008년 한국군의 무기도입 계획 수립 기법을 배우겠다며 10여 명의 장교를 보내겠다는 제안을 해온 적도 있다. 이들 국가 가운데 엔 우리가 자원확보를 위해 공을 들이고 있는 나라들도 적지 않다.

일각에선 UAE 파병이 원전 수출의 대가라며 반대한다. 그런 시각도 있을 수는 있을 것이다. 그러나 모든 선진국이 눈에 보이게, 또는 보이지 않게 군사협력을 국익 증진을 위한 한 방안으로 실시하고 있다. 지난해 우리 민간인 군사 마니아가 카타르에 군사훈련을 수출해 화제가 됐고, 예비역 군인들이 중심이 된 한국형 민간군사기업(PMC)을 만들어보자는 제안까지 나오고 있다. 그만큼 우리 위치가 달라졌다.

적절한 해외파병은 우리 군이 매너리즘에 빠지지 않도록 자극을 받고 시야를 넓히는 데도 도움이 될 수 있다는 생각이다. 비판은 좋으나 너무 치우친 것은 아닌지 돌아봤으면 한다.

_《조선일보》, 2010년 11월 8일

알제리 작전과 아덴만 작전

지난 2005년 6월 28일 미 해군 최정예 특수전 부대인 '실(SEAL) 팀' 요원 등 16명을 태운 미군 MH-47 특수전 헬기 1대가 탈레반의 RPG 로켓 공격을 받아 추락, 탑승자가 몰사(沒死)했다. 이들은 오사마 빈 라덴의 측근인 아마드 샤를 체포 또는 사살하기 위해 파견된 정찰조가 탈레반의 공격으로 큰 피해를 보자 그들을 구조하기 위해 긴급 출동했다가 변을 당했다. 이 작전은 아프가니스탄전 최악의 특수전 작전으로 기록됐다.

할리우드 영화에서 미군 실 팀이나 델타 포스, 러시아의 알파 부대 등 특수전 부대원들은 실패를 모르는 전지전능(全知全能)한 존재로 종종 묘사된다. 하지만 현실은 이와는 거리가 멀다. 특수전 부대가 인질 구출 작전이나 구조·정찰 작전 등에서 큰 피해를 보거나 실패하는 경우가 적지 않다. 지난 2004년 9월 1일 러시아 남부 북오세티야 공화국에서 체첸 반군이 저지른 베슬란 학교 인질 사건이 대표적이다. 1,200여 명이 인질로 잡혔고 러시아 최정예 알파부대 등이 구출 작전을 펼쳤지만 인질 가운데 366명이나 사망, 역대 최악 인질 사건으로 기록됐다. 사망자 중 156명이 어린이였다.

1985년 11월 23일 팔레스타인 테러리스트들이 납치한 이집트항공 648편기(機) 인질 구출 작전은 훈련이 부족한 특수전 부대가 무리한 작전을 벌일 경우 얼마나 참혹한 결과를 초래할 수 있는지를 보여준 사례다. 당시 이집트 대(對)테러 특수전 부대인 777부대원들은 구출 작전 중 돌발 사태에 당황해 인질들에게까지 소총을 난사했다. 결국 작전 과정에서 인질 67명 가운데 58명이 사망했다. 최근 알제리 인질 사태도 알제리군의 구출 작전 과정에서 인질 총 23명이 희생된 것으로 알려지면서 '무리한 작전' 논란이 계속되고 있다.

이런 사례들에 비해 2년 전 우리 해군 특수전 부대인 UDT/SEAL이 벌인 '아덴만 여명작전'은 성공적인 인질 구출 작전으로 평가된다. 당시 UDT/SEAL은 5시간 교전 끝에 중상을 입은 석해균 선장을 제외한 선원 21명을 모두 무사히 구출했으며, 해적 8명을 사살하고 5명을 생포했다. 인질과 해적이 섞여 있는 위험한 상황에서 이례적으로 성공한 것이었다. 김관진 국방장관은 최근 사석에서 "내 재임 중 가장 기뻤던 일이 아덴만 작전 성공이었다"고 말했다고 한다.

21일은 아덴만 여명작전이 있은 지 만 2년이 되는 날이다. 2년 전 작전 성공 직후엔 작전 과정에서 드러난 장비·인력·훈련 등의 문제를 보완하기 위한 계획을 세웠다. 이런 개선 없이는 '제2의 아덴만 여명작전'이 똑같이 성공한다는 보장이 없었기 때문이다. 이에 따라 일부 개선이 이뤄졌지만 시간이 흐르면서 지연·취소되고 있는 것도 나오고 있다.

　전문가들은 한국의 국제적 역할이 커질수록 해외 파병이나 우리 국민 구출 작전 등 특수전 부대의 역할이 커질 수밖에 없다고 말한다. 특수전 부대를 더 발전시켜야 하는 것도 이 때문이다. 하지만 2년도 안 돼 그런 다짐과 교훈을 잊는 것 같아 안타깝다.

_《조선일보》, 2013년 1월 21일

이지스함보다 의미 큰 독도함

'경(輕)항공모함 시대 열렸다' '한국형 경항공모함 진수'.

지난 12일 진수된 대형 상륙함(LPX) 1번함 '독도함' 관련 기사에 국내 일부 언론이 붙인 타이틀이다. 중국이나 일본 언론도 독도함 진수를 대서특필하면서 독도함이 경항공모함과 다름없다며 한국의 해군력 증강을 경계하고 나서 경항모 여부 논란이 일고 있다.

독도함의 외형만 보면 이런 평가가 틀리지 않은 것처럼 보이기도 한다. 길이 199m, 폭 31m의 대형 비행갑판을 갖고 있기 때문이다. 이 갑판에선 6~8대의 UH-60 헬기가 동시에 뜨고 내릴 수 있다. 독도함은 태국이 보유하고 있는 경항모보다도 크다.

하지만 대형 상륙함(수송함)으로 분류되는 독도함은 그 기능 면에서 경항모와 차이가 있어, 경항모라는 용어를 함부로 써서는 안 된다는 것이 전문가들의 지적이다. 경항모는 수직이착륙기와 헬기 등을 탑재할 뿐 독도함과 달리 함미(艦尾)에 배가 들락거릴 수 있는 도크(dock)가 없어 상륙작전 능력이 크게 제한된다. 그리고 독도함이 경항공모함으로 활용되려면 함수(艦首)에 스키 점프대처럼 생긴 '스키 점프' 갑판이 설치되고 수직이착륙기가 탑재돼야 한다. 우리 해군은 아직 그런 계획을 갖고 있지 않은 것으로 알려져 있다. 유사시 경항모로 개조될 수 있겠지만 현 상태는 경항모로 볼 수 없다는 얘기다. 많은 군 관계자들과 전문가들은 우리가 경항모라는 표현을 자꾸 쓸수록 일본이나 중국 등 주변국에 군비증강의 빌미를 제공할 뿐이라고 우려한다.

독도함이 경항모가 아니더라도 '꿈의 함정'으로 불리는 이지스함 이상의 의미를 갖고 있다는 평가도 적지 않다. 우선 여러 용도로 융통성 있게 사용할 수 있도록 설계, 미국·영국·프랑스 등을 제외하곤 대부분의 군사강국들도 아직 갖지 못한 대형 다목적함이라는 것이다. 심지어 중국과 러시아에도 독도함과 같은 함정은 없다. 독도함은 세계에서 가장 강력한 상륙작전 능력을 가진 미국 와스프급(級) 상륙모함(LHD · 4만t급)의 축소판으로 불리기도 한다.

독도함은 해상·공중으로 입체적인 상륙작전을 펼 수 있을 뿐 아니라 앞으로 이지스함, 한국형 구축함(KDX-Ⅱ) 등으로 구성되는 '전략 기동함대'의 기함(旗艦)으로 해군 함대의 두뇌이자 심장부 역할을 하게 된다. 전시(戰時)가 아닌 평시에도 유엔 평화유지활동(PKO), 쓰나미와 같은 대규모 국제 재난 구호활동, 유사시 해외 교민 철수 등에 활용될 수 있다. 일본은 자위대의 이라크 파병, 동남아

쓰나미 구호작전 등에 오오스미급 함정을 아주 유용하게 써먹었다.

그러나 독도함이 제 기능을 발휘하려면 아직도 해결돼야 할 숙제가 적지 않다. 우선 독도함에 탑재될 10여 대의 헬기를 살 돈이 예산 부족을 이유로 국방예산에 배정돼 있지 않다. 헬기 없는 독도함은 날개 떨어진 새와 같다. 당초 2년 간격으로 총 3척의 대형 상륙함을 계속 건조키로 했던 계획이 예산 압박 때문에 대폭 축소, 2010년 이전에는 독도함 1척만 건조키로 한 것도 재평가할 필요가 있다. 대형 상륙함 1척의 건조 비용은 8,000여 억 원으로 이지스함(척당 1조 원)보다 적다. 비용에 비해 효과가 크다면 사업의 우선순위를 재조정할 필요가 있는 것은 당연지사다.

_《조선일보》, 2005년 7월 14일

잠수함으로 잠수함 잡자

냉전이 사실상 종식됐던 1992년 2월 11일 미국의 로스앤젤레스급(級) 공격용 핵(원자력추진) 잠수함인 '바톤 루지'(SSN-698)가 러시아 북해함대 기지가 있는 무르만스크 인근에서 러시아의 신형 공격용 시에라급 핵잠수함과 충돌하는 사건이 발생했다. 당시 바톤 루지는 러시아 신형 핵잠수함 등에 대한 정보를 수집하기 위해 은밀히 러시아 영해인 12마일 인근까지 접근했다가 러 잠수함과 충돌해 들통이 난 것이었다. 바톤 루지는 인명피해 없이 손상만 입었지만 옐친 러시아 대통령이 비난성명을 발표하는 등 외교적 파문이 일었다. 미국 핵잠수함들은 구소련의 잠수함기지나 훈련 중인 소련 핵잠수함 가까이 접근했다가 충돌하는 사고도 종종 빚었다. 구소련의 핵잠수함들도 마찬가지로 미 핵잠수함들 가까이 접근했다가 충돌 사고를 빚기도 했다.

왜 두 초(超)강국은 위험을 무릅쓰고 이런 일을 벌였던 것일까? 지문이 사람마다 다르듯이 잠수함의 경우 같은 급(級)의 함정이라도 스크루 소리에 미세한 차이가 있다. 음성 지문, 즉 음문(音紋)이 잠수함마다 다른 것이다. 이 소리를 평상시에 파악해둬야만 전쟁 시에 구체적으로 어떤 적 잠수함인지 확인해 공격할 수 있게 된다. 또 잠수함이 일단 기지를 떠나면 추적이 힘들고 해저지형이 복잡하기 때문에 적 잠수함 기지 인근까지 침투해 감시할 필요가 있었던 것이다.

이는 우리 해군에게도 그대로 해당한다. 북한이 총 70여 척의 잠수함(정)을 갖고 있는데 이들 잠수함(정)들의 소리 정보를 갖고 있고, 북한 동·서해 잠수함 기지를 떠나는 북한 잠수함(정) 움직임과 기지 인근의 해저지형을 정확히 알고 있어야 유사시 우리 잠수함들이 효과적인 공격 작전을 펼칠 수 있다. 이는 미국 같은 맹방도 우리에게 잘 주지 않으려고 하는 고급 기밀정보다. 결국 우리가 어느 정도 위험을 감수하고 직접 몸으로 부딪치면서 수집할 수밖에 없다.

그러나 우리의 경우 안전문제 등을 우려한 군 최고 수뇌부가 이런 작전에 대해 '오케이(OK)' 사인을 해주지 않아 이런 작전을 펼칠 수 없었다고 군 소식통들은 전한다. 우리 해군의 209급이나 214급 잠수함들은 북한 잠수함(정)보다 소리가 작아 탐지되기 어렵고 북한의 대(對)잠수함 작전능력은 우리보다 훨씬 떨어지기 때문에 우리가 마음만 먹으면 언제든지 정보수집 및 감시작전을 펼칠 수 있다는 것이다.

북한 함정들의 소나(음향탐지장비)는 구형이 많고 우리 해군의

P-3C 같은 해상초계기나 링스 같은 대잠헬기 전력이 거의 없다시피 한 것으로 알려졌다. 해군이 현재 3척을 보유 중인 최신예 214급 잠수함은 2주가량 바다 위로 떠오르지 않고도 수중에서 계속 작전을 펼칠 수 있다. 때문에 천안함 폭침 사건을 통해 북한 잠수함(정)들이 우리에게 비대칭 위협으로 부각됐듯이 우리의 잠수함들도 북한 해군에게 비대칭 위협이 될 수 있는데도 이를 제대로 쓰지 못하고 있다는 얘기가 나온다.

전문가들은 적 잠수함을 잡는 가장 효과적인 무기는 잠수함이라고 말한다. 북한의 잠수함(정) 침투 및 공격 위협에 머리를 싸매고 고민만 할 것이 아니라 우리의 우수한 잠수함 능력을 적극적으로 활용할 때가 됐다는 생각이다. 군 통수권자인 대통령과 국방장관, 합참의장, 해군참모총장 등 군 수뇌부의 관심과 결단을 기대한다.

_《조선일보》, 2010년 5월 26일

비살상무기

지난 99년 미국의 유고 공습 때 있었던 일이다. 전폭기로부터 폭탄이 하나 투하됐는데 곧 이 폭탄으로부터 100~200개의 음료수 캔 같은 것이 떨어져 나왔다. 조금 뒤 큰 폭발이 일어나지 않았는데도 이 지역의 전기가 일제히 나가버렸다. 이 캔으로부터 흑연체가 쏟아져 나와 송전선망의 누전과 합선을 초래했기 때문이다. 이것이 코소보 작전 때 미국의 대표적 비밀병기 중 하나였던 CBU-94 흑연폭탄이다.

이런 종류의 무기는 가능한 한 사람을 죽이거나 치명상을 가하지 않고 작전목표를 달성한다고 해서 비살상무기(NLW: Non-Lethal Weapon)라 불린다.

흑연폭탄은 91년 걸프전 때 처음 사용돼 이라크군 송전선망 파괴에 위력을 발휘, 가능성을 입증한 뒤 코소보 작전 때 대량으로 사용됐다.

세계 각국, 특히 미국은 냉전종식 이후 유엔 평화유지활동(PKO)

등 전쟁 이외의 작전(OOTW)에 참여하는 횟수가 크게 늘어나면서 비살상무기의 필요성을 절감, 개발에 박차를 가하고 있는 것으로 알려져 있다. 최근 개봉된 영화 〈블랙 호크 다운〉에도 잘 묘사돼 있지만 미국은 지난 92~93년 소말리아 사태 때 무장한 군중에 대응하는 데 고전을 면치 못했다.

미국이 개발 중인 비살상무기 중에는 폭도화한 군중에게 mm 파장의 전자파를 발사, 고통을 줌으로써 무력화하는 것이 있다. 또 연소점 변화기술(CAT)이라는 것도 있는데 연료의 점도 특성이나 연소 특성을 변화시켜 각종 내연기관의 능력을 저하시키거나 정지시키는 것이다.

CAT는 공기흡입구나 연료탱크에 투입할 수 있기 때문에 뒤따라오는 추적차량 앞에서 분사할 경우 차량의 엔진을 정지시킬 수 있고, 주둔지에 집결해 있는 기계화부대 상공에 뿌릴 경우 공격 대기 중인 모든 기동장비들을 일시에 정지시킬 수 있으므로 상당히 위력적이다.

미국의 군사전문가 제임스 F. 더니건이 지은 『디지털 솔저스(Digital Soldiers)』에는 이 밖에도 흥미로운 비살상무기들이 소개돼 있다. 사람을 매스껍게 하거나 어리둥절하게 만드는 초저주파음, 고무를 가루로 만들어버리는 등 물질의 화학적 성질을 변화시켜 항공기·차량·함정·건물 등을 손상할 수 있는 화학 및 생물학제, 차량이나 사람을 움직이지 못하게 만드는 끈끈이 거품, 눈을 멀게 하는 레이저 광선, 군용 전자장비나 사람에게 큰 손상을 줄 수 있는 고출력 마이

크로파 등이 있다. 이 중 초저주파음은 현재 바퀴벌레나 쥐의 퇴치 목적으로 일반 가정에서도 사용돼 좋은 결과를 얻고 있다.

그렇다고 비살상무기가 앞으로 전쟁의 형태를 통째로 바꿔놓을 것이라고 속단하기는 이르다. 비살상무기가 20세기 들어 갑자기 태어난 것이 아니라 과거부터 사용돼왔으며, 과학기술의 발전과 전쟁 환경의 변화에 따라 진보해온 것이기 때문이다.

더니건은 비살상무기가 대개 성난 민중 제압을 위해 수천년 동안 사용돼 온 것이라고 말한다. 고전적인 '무기'인 연막이나 철책선도 비살상무기 범주에 포함된다는 것이다. 저명한 미래학자 앨빈 토플러도 저서 『전쟁과 반(反)전쟁』에서 "미래의 지배적 전쟁형이 전적으로 인공위성·로봇 또는 비살상무기에 의해 규정되리라고 생각한다면 큰 잘못"이라고 강조한 바 있다.

_《국방일보》, 2002년 2월 3일

핵무기 논란

1945년 7월 16일 새벽 5시 29분 45초 미 뉴멕시코주 남중부 사막 지대인 알라모고르도 폭격훈련장. 폭음과 함께 거대한 불덩이가 생기더니 이내 높이 수 km에 달하는 버섯구름이 피어올랐다.

극비리에 추진된 '맨해튼 계획'에 의해 만들어진 인류 최초의 원자폭탄이 폭발하는 순간이었다. 폭발 지점에는 직경 720m의 거대한 구덩이가 생겼고 과학자들은 예상보다 큰 위력에 깜짝 놀랐다.

그로부터 약 3주 뒤인 8월 6일 오전 8시 15분 히로시마 상공에도 비슷한 형태의 거대한 버섯구름이 피어올랐다. TNT폭약 1만 5,000t이 폭발할 때와 같은 위력(15kt)을 가진 원자폭탄 '리틀 보이 (Little Boy)'가 투하됐기 때문이다.

사흘 뒤엔 나가사키에 '패트 맨(Fat Man)'이라 불리는 원자폭탄이 떨어졌다. 위력은 '리틀 보이'보다 강한 22kt.

원폭투하로 인한 사상자는 상상을 초월했다. 히로시마에선 7만 ~14만 명이 현장에서 즉사하거나 투하 직후 사망했다.

인구 17만 3,000명이던 나가사키에선 4만 5,000여 명이 즉사한 것으로 추정됐다. 나가사키에 원폭이 투하된 지 5일 뒤인 8월 14일 일본은 항복했다.

히로시마와 나가사키에 원자폭탄이 사용된 뒤 핵무기는 비약적인 발전을 거듭했다.

개발 초기 원자폭탄은 너무 크고 무거워 B-29 같은 대형 폭격기에나 탑재될 수 있었으나 1950년대 들어 대포나 중형 폭격기로도 발사 또는 운반할 수 있는 전술 핵무기가 개발됐다.

1952년에 미국이, 1953년엔 구 소련이 원자폭탄보다 훨씬 큰 위력을 갖는 수소폭탄 실험에 성공했다.

그 뒤 미국과 소련은 핵무기의 소형화와 파괴력 강화에 주력, 무반동총으로 발사되는 길이 76cm, 무게 34kg의 데이비 크로켓이라는 초소형 핵무기가 개발되기도 했다.

특수부대원이 배낭처럼 메고 운반할 수 있는 핵배낭, 거대한 구덩이를 만들어 적 기계화부대의 진출을 저지하는 핵지뢰, 155mm포로 쏠 수 있는 핵폭탄, 전폭기로도 운반할 수 있는 전술 핵폭탄, 장비 파괴보다는 인명 살상에 중점을 둔 중성자탄도 등장했다.

전략 핵무기의 경우 위력이 초기의 킬로톤(kt) 단위에서 메가톤(Mt) 단위로 수백 배 향상됐다. 손쉽게 쓸 수 있는 전술 핵무기의 등장에 따라 6·25전쟁, 베트남전, 중동전 등 주요 전쟁마다 핵무기 사용 문제가 거론됐으나 모두 탁상공론으로 끝났다. 엄청난 파괴력과

참혹한 후유증 등 비인간성, 인류 종말을 가져올지도 모를 전면 핵
전쟁으로의 확전 가능성에 대한 우려 때문이었다.

이에 따라 핵무기는 이른바 '공포의 균형'을 유지하면서 사실상
사용이 불가능한 무기로 인식돼왔다.

그러나 지난 1월 미 행정부가 의회에 제출한 '핵태세 검토(NPR)'
보고서 내용이 최근 언론 보도로 알려지면서 핵무기가 정말 사용될
수 있는 무기인가가 다시 논란을 일으키고 있다.

이 보고서는 강력한 지하시설을 파괴하기 위해 파괴력이 작은 신
형 핵무기 개발 필요성을 언급하고 북한 등 7개국을 핵무기 사용 대
상 국가로 지목했다.

비록 주한미군의 핵무기가 1991년 완전히 철수됐지만 NPR 보고
서는 한반도가 북한의 핵개발 의혹과 함께 핵무기로부터 자유로울
수 없음을 다시 한 번 일깨워주고 있다.

_《국방일보》, 2002년 3월 23일

항공력의 발전

1911년 10월 23일 리비아 사막지대의 한 오아시스에 주둔하고 있던 투르크군 진영에 하늘에서 수류탄보다 약간 크고 무거운 무게 2kg의 폭탄 4발이 떨어졌다. 이탈리아군 소속 줄리오 가보티 중령이 항공기로 사상 최초의 공습을 한 것이다.

1903년 라이트 형제가 처음 하늘을 비행한 뒤 8년 만에 항공기의 군사적 활용 가능성을 보여준 것이다.

제1차 세계대전을 겪으면서 폭격기 등 군용기는 급속도로 발전했다. 1921년에는 미국의 미첼 장군이 마틴 폭격기로 전함을 격침하는 실험에 성공, 새로운 가능성을 보여줬다.

제2차 세계대전 때에는 대도시 및 산업·군사시설에 대한 전략폭격과 공중전이 본격화했다. 1943년 이후 미국·영국이 독일의 대도시와 산업시설에 '나는 요새'로 불린 B-17 등 4발 엔진의 전략폭격기로 퍼부은 폭탄량은 무려 150만t.

이에 따른 독일 측의 피해도 엄청나 60여 만 명의 독일 국민과 10

만 명 이상의 군인이 사망했고, 25만 채의 집과 수천 개의 산업·군사·수송시설이 파괴됐다.

반면 세계 최초의 실용 제트 전투기 '메서슈미트 Me-262' 등으로 무장한 독일의 강력한 방공망으로 연합국도 2만 1,914대의 폭격기를 잃었다. 모두 150만 회 출격했기 때문에 1,000회당 15대의 폭격기가 추락한 셈이다. 조종사 등 항공기 승무원 손실은 15만 9,000명에 달했다.

그러나 1960년대 이후에는 폭격 정밀도가 비약적으로 향상되어 목표물을 파괴하는 데 필요한 폭탄량과 항공기 피해가 크게 줄었다. 제2차 세계대전 때 미국의 B-17은 폭격의 정확도가 1km에 달해 한 개의 목표물을 파괴하는 데 4,500회나 출격하고 9,070발의 폭탄을 떨어뜨려야 했다.

베트남전 때 미국 F-105 전폭기는 120m의 정확도를 가져 95회 출격에 176발의 폭탄이 필요했다. 그러나 1991년 걸프전의 경우 미국 F-117 스텔스 전폭기는 3m 미만의 정확도를 갖춰 단 1발의 스마트 폭탄으로 목표물을 파괴할 수 있게 되었다. 공습 항공기 피해도 크게 감소해 걸프전 때는 6주간 모두 2,500여 대의 전폭기가 11만 2,000회 출격. 하루 평균 2,000~3,000회 출격을 기록했으나 총 손실은 39대에 불과했다.

1999년 코소보 작전과 최근의 아프간 대(對)테러 전쟁 때도 항공력의 유용성을 보여줬다. 미군은 GBU-28/37 등 정밀유도 폭탄으로 탈레반군의 동굴 진지 등을 파괴했으며 무인항공기(UAV) '프레

데터'로 미사일을 발사하기도 했다.

무인항공기의 미사일 발사는 앞으로 무인전투기 시대를 예고하는 것이기도 하다. 미 보잉사와 노스롭 그루먼사는 각각 X-45·X-47이라고 불리는 무인전투기를 이미 시험 중이다.

최근 최신형 전투기 40대를 도입하는 공군 차기전투기(F-X) 사업을 놓고 사업의 타당성과 공정성 등이 논란을 빚고 있어 항공력 발달사를 간략히 짚어봤다.

앞으로 추진될 공군 차차기전투기(F-XX) 사업을 비롯, 공군 주력 전투기 도입사업은 사업의 공정성 및 투명성과 함께 현대전에 있어 항공력의 중요성, 첨단 전자공학 기술 등을 활용하는 최신 전투기 발전 추세 등도 함께 고려되어야 한다는 생각이다.

_《국방일보》, 2002년 4월 1일

특전사와 해병대

'20만 명 대 약 2만 명'.

남북한의 특수부대 병력을 비교한 것이다. 우리가 북한에 비해 10%에도 미치지 못해 10 대 1 이상의 열세에 있는 것으로 보도되고 있다.

지난해 말 발간된 '2010 국방백서'는 북한의 특수부대 병력이 2008년에 비해 2만 명이 늘어난 20만 명 규모라고 밝혔다. 이는 2006년에 비해 4년 만에 8만 명이나 증가한 것이다. 특히 최전방 부대에 경보병 부대를 증강한 것으로 알려졌다. 북한의 특수전 전력은 북한군 전체 병력 119만 명(육군 102만 명, 해군 6만 명, 공군 11만 명)의 17%에 달하는 수준이며 세계 최대 규모로 평가된다.

이에 비해 우리의 특수전 전력은 어떠한가? 정확한 규모는 비밀이어서 알 수 없지만 2만 명에도 미치지 못하는 것으로 알려졌다.

특히 과거 정부 시절 추진된 '국방개혁 2020'의 병력감축 계획에 따라 3개 특공여단 중 1개 특공여단이 이미 해체돼 2개 여단으로 줄어든 것으로 보도되고 있다. 특공부대는 우리 전후방 지역에 침투하는 경보병 부대 등 북 특수부대를 소탕하는 것이 주임무여서 오히려 늘어나야 할 부대가 줄어든 셈이다.

유사시 공세적 임무를 맡는 특전사도 최소 1,000명이 해외파병 상비부대로 지정돼 기본임무에서 제외돼 있기 때문에 효과적인 대북작전이나 북 특수부대 소탕작전을 위해선 병력 증강 및 장비 보강이 필요하다는 지적이 나온다. 특수부대엔 야간이나 악천후에도 적 후방에 침투할 수 있는 특수전 헬기·수송기 등이 필수적인데 우리 특수전 부대는 아직도 이런 장비의 상당 부분을 미군에 의존하고 있다.

부사관 등 직업군인 중심인 특전사와 달리 해병대는 병 중심으로 구성돼 있지만, 해병대 역시 유사시 특전사와 함께 전략 타격부대 역할을 할 우리 군의 최정예 부대다. 지난해 말 북한의 연평도 포격도발을 계기로 서해 5도를 지키고 있는 해병대 증강의 필요성이 부각되고 있다. 해병대는 우리 군에서 예산배정과 진급 등에 있어 최우선적인 '배려'가 필요한 부대로 꼽힌다.

특히 유사시 북한 안정화작전에 대비하기 위해서라도 가능한 한 특전사와 함께 해외파병 경험을 많이 쌓는 것이 필요하다고 본다. 그런 점에서 지난해 처음으로 다국적 해외훈련인 '코브라 골드' 훈련에 참가했던 해병대가 올해는 참가하기 어려울 것이라는 얘기가 들려 아쉽다. 특전사와 해병대는 평상시 국위선양은 물론 통일 과정과 통일 이후에도 핵심적인 역할을 할 전략부대인 만큼 긴 안목을 갖고 발전시켜야 할 것이다.

_《국방일보》, 2011년 1월 11일

크루즈미사일과 장기적 안목

91년 걸프전 이후 2001년 아프가니스탄전, 2003년 이라크전 등 주요 분쟁지역에 약방의 감초처럼 등장하는 무기가 있다. 미국의 토마호크 크루즈(순항)미사일이 그것이다. 토마호크는 1,300km 이상 떨어진 목표물을 수 m 이내의 오차로 정확히 명중시킬 수 있는 '족집게' 미사일로 유명하다.

최근 언론보도에 따르면 우리나라도 미국의 토마호크와 비슷한 크루즈미사일 개발에 성공했다고 한다. 사정거리 1,500km의 '현무-3C'로 알려진 이 미사일은 올해부터 실전 배치될 것으로 알려졌다. LIG넥스원이 양산하는 이 미사일은 길이 6m, 직경 53~60cm, 무게 1.5t, 탄두중량 450kg인 것으로 언론들은 보도하고 있다.

우리 탄도미사일의 사정거리가 한·미 미사일 지침에 따라 300km로 제한돼 있는 현실을 감안하면 사정거리 1,500km는 큰 의미가 있다. 1,500km면 북한 전역은 물론 베이징 등 중국 내륙 지역, 일본 대부분 지역을 사정권에 넣을 수 있다. 유사시 주변 강국의 군사적 위협에 대해 '펀치' 역할을 할 수 있음을 의미한다. '현무-3C' 개발로 우리 군은 북한 후방지역의 영저동 노동미사일 지하기지 등 기존 한·미 공군력이나 탄도미사일로 정밀타격하기 힘들었던 북 전략 목표물을 정확히 공격할 수 있는 능력도 갖게 됐다.

중요한 것은 이런 크루즈미사일 개발이 하루아침에 갑자기 이뤄진 것이 아니라는 점이다. 10여 년 전부터 탄도미사일 사거리 제한 등 현실적 제약 속에서 효과적인 '한국적 전략무기'가 무엇인지 고심 끝에 결정한 선택의 결과물이 이제 나오고 있는 것이다. 크루즈미사일의 경우처럼 중요 첨단무기 개발에는 10년 이상의 시간이 필요하다. 10~20년 뒤 우리나라를 지켜준 무기에 대해선 지금부터 고민하고 개발에 착수해야 한다는 얘기다.

마침 국방기술품질원과 한국과학기술기획평가원(KISTEP)은 공동연구로 미래 전장을 좌우할 무기·장비와 관련된 미래 국방 유망기술 30개를 선정, 지난 7월 16일 발표회를 가졌다.

지난해 10월부터 올 6월까지 8개월 동안 160개 기관, 총 1,700여 명의 분야별 전문가가 참가한 가운데 토론·평가를 거친 결과 스텔스 탐지기술, 지능형 영상탐지·추적기술, 소형 초고속탄 능동방호 기술 등이 선정됐다고 한다.

매우 시의적절하고 유익한 시도라고 본다. 이런 노력들을 토대로 첨단 국방과학기술이 확보돼 10~20년 뒤 북한은 물론 주변국의 위협으로부터도 우리나라를 지키고 세계 방산시장에서 우리 무기들이 각광을 받을 수 있기를 기대한다.

_《국방일보》, 2010년 7월 27일

글로벌 군수시장과 민군협력

지난 5일 서울 강남구 삼성동 섬유센터에서는 이색적이고 뜻깊은 행사가 하나 열렸다. 김태영 국방부장관과 최경환 지식경제부장관 사이에 '국방섬유 기술협력 양해각서(MOU)' 체결식이 열린 것이다.

이는 군 전투력 및 장병들의 삶의 질 향상을 위해 장병들이 착용하는 국방섬유의 질을 획기적으로 개선하는 사업을 공동 추진한다는 것이 골자다. 이에 따라 이르면 몇 년 안에 고어텍스에 버금가는 한국형 첨단소재의 방한복이 장병들에게 지급될 전망이다.

또 내년부터 군의 피복·장구류 가운데 800억 원 규모의 수입산 원단이 국산 소재로 대체된다. 현재 논의 중인 국방섬유 개발 분야는 '스텔스섬유(위장)', '숨쉬는 섬유·투습방수(방한복·전투화)', '보호(작업복 등)', '내열(방화복)', '항균방취(내의류·침구류)', '스마트 의류(정보통신복)', 'i-Fashion(IT융합 맞춤형 군피복·장구류)' 등인 것으로 알려지고 있다.

그동안 우리 군 장병들의 의식주는 단계적인 발전을 거듭해왔다. 생활관도 침상형에서 침대형으로 바뀌고 있고 먹을거리 메뉴도 다양해졌다. 그러나 피복·장구류의 경우 아직 우리 국력 수준이나 일반 사회 수준에 비해 낙후돼 있다는 지적이 많았다. 포털이나 군 커뮤니티 사이트 등에서도 장병 피복·장구류 개선을 촉구하는 댓글이 가장 많은 편이다. 그런 점에서 이번 국방부–지경부 간 양해각서 체결은 상징적인 의미가 크다.

앞서 올해 초 지경부는 '항공산업발전 기본계획'을 확정해 발표했다. 여기에는 민수기 외에 한국형 전투기(KFX), 한국형 공격헬기(KAH) 등의 탐색개발 계획도 포함됐다. 민·군 협력으로 국내 항공산업을 발전시키겠다는 계획인 것이다. 이 같은 항공산업·섬유사업 외에도 민·군 협력의 장은 아직 넓게 열려 있다. 지난해 말 아랍에미리트(UAE) 원자력 발전소 수출 때도 국방부와 지경부는 호흡을 맞췄다.

전 세계 군수산업 시장 규모를 감안하면 민·군 협력 여지는 더 많이 남아 있다. 현재 세계 군수산업 시장은 1조 6,000억 달러(약 1,840조 원) 정도 되는 것으로 추정되는데 이 중 수출시장은 아직 600억 달러 정도에 불과해 성장 가능성이 크다고 한다.

김 장관과 최 장관도 최근《조선일보》대담을 통해 적극적인 협력

의지를 밝혔다. 이런 의지가 변함없이 지속돼 좋은 결실을 맺기를 기대한다.

_《국방일보》, 2010년 3월 12일

공군 조종사의 조기유출

"그 나이에 또 전투기를 타겠다고 그래요? 더구나 보통 전투기도 아니고 '썬더버즈(Thunderbirds)'를…."

지난 10월 미 공군의 세계적인 특수비행팀 '썬더버즈' 탑승에 앞서 일부 공군 장성이나 장교들이 필자에게 한 말이다. 필자를 아껴서 해주신 말씀들이었지만 고맙기보다는 오기가 생기기도 했다. '쉰살이 되려면 아직도 4년이나 남았고 보통 사람들보다 2~3배는 바쁘게 살아온 체력과 정신력을 갖고 있는데…'

그런데 탑승일인 10월 20일이 다가올수록 더욱 '겁나는' 소리들이 들려왔다. 필자보다 하루 먼저 썬더버즈에 탑승했던 한 분은 킬리만자로 등 세계 각지의 고산을 여러 차례 등반했던 강인한 체력의 소유자였는데 비행을 마치고 내려온 뒤 구토를 하고 "다시는 타지 않겠다"고 했다고 한다.

'비행하다가 G-LOC(중력가속도에 의한 의식상실)으로 정신이라도 잃으면 무슨 망신인가' 하는 걱정도 생겼지만, 우리나라 기자로는 처음이자 유일하게 탑승하는 일생일대의 기회를 포기할 수는 없었다. 그동안 프랑스의 라팔 전투기, 우리 공군의 A-37 공격기, KO-1 저속통제기 등을 타본 경험도 어느 정도 두려움을 없애줬다.

드디어 10월 20일, 직접 타본 썬더버즈는 과연 명불허전(名不虛傳)이었다. 비행의 난이도도 난이도려니와 그 위험한 비행을 하면서 즐기는 조종사의 모습이 '프로페셔널이란 바로 이런 것'이라고 보여주는 듯했다. 1시간 20분이라는 짧지 않은 비행 중 몇 차례 구토를 했지만 도중에 포기하지 않았고 정신을 잃지도 않았다. 비행을 마치고 오산 공군기지에 착륙한 지후 미군 관계자들이 비교적 멀쩡한 필자의 얼굴을 보고 놀라기도 했다.

썬더버즈 탑승 체험을 한 뒤 건강에 대한 자신감과 함께, 공군 조종사들의 위험한 직무 특성에 대해 깊은 인상을 갖게 됐다. 썬더버즈 비행 중 '정말 이러다 아차 하는 순간 사고가 나 죽을 수도 있겠구나' 하는 생각이 들었던 장면이 여러 차례 있었다.

최근 이런 썬더버즈 체험의 기억을 되살려준 행사가 있었다. 지난 11월 30일 여의도 국회의원회관 소회의실에서 국회 국방위 소속 한나라당 김무성 의원 주최로 열린 '공군 조종사 대량 유출 어떻게 할 것인가' 세미나였다. 이 세미나에 패널로 참석했는데 주제발표 중 '최근 20년간 52명의 공군 조종사가 추락사고로 사망해 사망률이 연평균 0.12%에 달하는 등 가장 힘든 고위험 직무'라는 내용이 가슴에 와 닿았다.

종전 공군 조종사 조기유출 문제에 대한 대책은 금전적인 보상에 집중돼 있었다고 해도 과언이 아니다. 그러나 '공군 조종사는 매일 훈련이 아니라 목숨 걸고 실전을 치르는 사람들'이라는 인식을 갖지 않는 한 근본적인 해결책이 마련되는 데는 한계가 있다는 생각이다. 그런 점에서 이날 행사를 주최한 김무성 의원은 물론 김학송 국회 국방위원장, 이계훈 공군참모총장 등이 끝까지 자리를 함께했던 '조종사 대량유출' 세미나는 매우 의미있고 많은 것을 느끼게 한 자리였다.

_《국방일보》, 2009년 12월 8일

해외파병과 장거리 전력투사

1999년 10월 동티모르에 상록수부대 선발대가 파견됐을 때 1주일여를 선발대와 함께 생활한 적이 있다. 당시 국내 언론인으로는《연합뉴스》황대일 기자(현 증권부 부장),《국방일보》기자 3명, 그리고 필자 등 단 5명만 장기간 선발대 취재를 했다.

당시 취재를 하면서 가장 많이 느낀 것은 해외파병부대의 선발대가 얼마나 고생이 많은가 하는 점이다. 선발대는 아무것도 준비가 안 된 상태에서 본대가 안착할 수 있도록 사전에 준비해놓는 것이 주 임무다.

상록수부대 선발대가 진주했던 로스팔로스는 우리나라 6·25전쟁 후 50년대를 연상케 할 정도로 기반시설이 낙후했다. 그 때문에 선발대는 속된 표현으로 맨땅에 헤딩하는 식으로 본대 진주 준비를 해야 했다. 현지 물은 마실 수 없고 갖고 간 생수만 마셔야 했고 식사도 전투식량만으로 1주일여를 버텼다. 현 한국군 장교나 장성 가운데서도 전투식량만 1주일 이상 먹어본 사람은 드물지 않을까.

화장실도 없어 흙구덩이를 파고 야자수 잎으로 대충 주위를 가려 놓은 뒤 볼일을 봤고 잠은 맨땅 위에 설치된 3인용 텐트에서 잤다. 선발대가 겪었던 어려움 중 하나는 호주 전진기지에 있는 본대 등과 의 통신 문제였다. 휴대용 위성전화 등을 갖고 갔지만 처음엔 잘 연결되지 않거나 발전기 문제 등으로 제한적으로만 사용할 수 있었다.

실제 교전이 발생했다면 군 지휘통신 체계에 큰 문제가 생길 수 있는 상황이었다고 본다. 반면 해외파병 경험이 많은 호주군은 소형 지프에 발전기와 위성통신 장비를 한 세트로 묶어 기동성 있는 24 시간 통신 시스템을 운용, 우리 군의 부러움을 샀다. 그로부터 5년가 량이 지난 2004년 3,600여 명의 자이툰부대가 이라크에 파병됐다.

그해 10월 자이툰부대 주둔 후 처음으로 언론에 공개됐을 때 취재진의 일원으로 아르빌에 갔다. 아르빌로 향하면서 상록수부대의 경험을 떠올리며 우리 군이 많이 헤매지 않았을까 걱정했다. 자이툰 부대는 상록수부대보다 8, 9배나 많은 규모였고 거리도 동티모르보 다 훨씬 먼 1만 km나 떨어진 곳에 파병됐기 때문에 수송 및 군수지 원에 상당한 어려움이 있을 것으로 예상됐기 때문이었다.

그러나 아르빌의 자이툰부대에 도착해 보니 이런 걱정이 지나친 기우였음을 깨달았다. 미군들도 부러워한 대형 돔 식당, 컨테이너 숙소와 한국 합참과의 위성통신 시설 등 5년 전과는 비교할 수 없는 발전이 이뤄져 있었다. 물론 이런 결과는 자이툰부대 선발대가 폭염 속에서 모래 섞인 밥을 먹고 눈물 없이는 들을 수 없는 고초를 겪으며 본대 진주 준비를 한 덕택이었다.

이 자이툰부대가 4년여 동안의 임무를 성공적으로 마치고 철수했다. '자이툰부대는 신이 내린 선물'이라는 얘기를 들을 정도로 자이툰부대가 거둔 성과는 한둘이 아니다. 하지만 눈에 잘 보이지 않고 국민들이 잘 모르는 것이 이런 해외파병에 따른 장거리 전력투사 경험이 아닐까 한다. 자유는 거저 주어지는 것이 아니듯이 이런 경험은 결코 공짜로 얻을 수 있는 것이 아니다.

_《국방일보》, 2008년 12월 18일

림팩 훈련과 한국 해군

세계에서 가장 규모가 큰 해군 연합훈련인 2008 '림팩'(RIMPAC·환태평양) 훈련이 지난달 31일 대단원의 막을 내렸다. 이번 훈련은 우리나라를 비롯, 미국·캐나다·일본·호주·싱가포르·영국·페루·칠레 등 총 10개국 해군이 참가해 6월 29일부터 33일간 하와이 근해에서 실시됐다.

훈련 규모에 걸맞게 우리 해군의 참가 세력도 사상 최대였다. 한국형 구축함 문무대왕함(5,000t)과 양만춘함(3,200t) 등 수상함 2척과 209급 잠수함 이순신함(1,200t), P-3C 해상초계기 1대, 링스 대잠헬기 2대 등이 참가했다.

양적인 면뿐만 아니라 질적인 면에서도 우리 해군은 발전된 모습을 보여줬다. 한국·미국·싱가포르 등 3개국 함정으로 구성된 수상전투단 지휘관 임무를 수행, 국제적으로 높아진 한국 해군의 위상과 작전수행 능력을 과시했다.

미사일의 경우도 총 4발을 발사했다. 문무대왕함은 사정거리가 130여 km에 달하는 SM-2 함대공미사일과 RAM 단거리 대공미사일(사정거리 9km), 양만춘함은 시스패로 함대공미사일(사정거리 20여 km)을 각각 쐈다. 잠수함 이순신함은 80여 km 떨어진 미군 퇴역 구축함을 표적으로 하푼 잠대함미사일을 발사해 명중시킨 것으로 알려졌다.

이런 모습은 20여 년 전에 비하면 격세지감을 느끼게 할 만한 큰 변화다. 우리 해군이 처음 림팩 훈련에 참가한 1990년부터 1998년까지 해군의 참가 함정은 1,500t급 호위함이 고작이었다. 대형 구축함이 없었기 때문이다. 당시 우리 해군 함정들은 5,000t이 넘는 다른 참가국 함정 틈새에서 3분의 1 크기에 불과한 함정을 갖고 누벼 해군력 열세의 비애를 절실히 느껴야 했다.

이는 2000년 3,200t급 한국형 구축함 을지문덕함이 호위함·잠수함·P-3C 해상초계기 등과 함께 참가함으로써 새로운 국면을 맞게 됐다. 특히 하푼 함대함미사일을 처음으로 발사해 미군 퇴역 순양함 표적을 명중시키기도 했다. 그 뒤 2년마다 열린 훈련에서 우리 해군은 함대공미사일·잠대함미사일·어뢰 등을 성공적으로 발사함으로써 기량을 과시했다.

림팩 훈련 참가를 통해 우리 해군은 우리나라 근해에서 하기 힘든 대함미사일 실제사격 등 소중한 경험을 하게 됐다. 그러나 그동안의 발전에 마냥 안주할 수 없는 것이 현실이다.

이번 림팩 훈련에서도 일본은 우리와 차이가 나는 막강한 해군력을 과시했다. 일본 해상자위대는 이번 훈련에 9,000t급 이지스 구축함 '키리시마' 외에 3,500~5,000t급 함정 3척을 참가시켰다. 우리 해군과 크기가 비슷하거나 더 큰 함정들을 두 배가량 참가시킨 것이다. 미사일의 경우도 SM-2·시스패로·하푼 등 총 6발을 발사한 것으로 전해졌다.

최근 일본의 독도 도발을 계기로 한일 해군력 비교에 대한 관심이 높은 듯하다. 해군력 증강의 방향과 규모는 감정을 앞세우기보다 이런 냉철한 현실 인식을 토대로 결정돼야 할 것이다.

_《국방일보》, 2008년 8월 7일

전쟁비용

9·11 테러사건 이후 미국이 사용한 전쟁 및 복구비용이 600억 달러(한화 약 78조 원)를 넘어섰다는 외신 보도가 최근 있었다. 여기엔 지난해 12월까지 아프가니스탄에서 벌인 군사작전 비용 29억 달러, 미국 내 주요 도시에 대한 항공순찰과 주방위군 및 예비군 동원비용 18억 달러, 뉴욕·워싱턴 복구비용 400억 달러 등이 포함돼 있다.

600억 달러는 지난 91년 걸프전 때의 전쟁비용과 같은 수준이다. 걸프전 때엔 68만 명의 병력과 3,600대의 전차, 3,100여 대의 항공기, 109척의 함정(항공모함 6척)이 투입됐다.

병력 및 장비 전개에만 6개월이 걸렸다. 99년 코소보 작전 때 미군은 78일간의 공습 및 미군 유지비용으로 30억 달러를 사용했다. 미 워싱턴 민간연구기관인 전략예산평가센터(CSBA)는 미국의 아프간 전쟁이 매달 5억~10억 달러의 돈을 삼키고 있는 것으로 추산하고 있다.

이처럼 현대전 수행 비용은 입이 딱 벌어질 정도로 천문학적인 액수다. 첨단무기 가격이 매우 비싸고 병력 및 장비 운용유지비도 과거에 비해 크게 올랐기 때문이다. 지난해 12월 인도양에 추락한 B-1 폭격기는 대당 2억 달러가 넘는다.

이번 전쟁에서 아직 추락하지는 않았지만 B-2 스텔스 폭격기는 대당 가격이 B-1 폭격기의 10배인 20억 달러(2조 6,000억 원)에 달한다. 폭격기 한 대 값이 우리 육군 차기 공격용 헬기(AH-X) 사업(2조 1,000억 원 규모) 비용이나 공군 차기 대공미사일(SAM-X) 사업(2조 4,000억 원 규모) 비용보다 많은 셈이다.

미국이 전쟁 때마다 약방의 감초처럼 사용하는 토마호크 크루즈 미사일은 발당 60만~100만 달러다.

전 지구 위치 파악 시스템(GPS) 위성으로 유도되는 첨단 폭탄으로 이번에 대량으로 사용된 JDAM은 2만 5,600달러, 지하벙커를 파괴하는 데 위력을 발휘해 아프간 동굴을 공격하는 데 애용되고 있는 GBU-28 '벙커 버스터'는 23만 1,000달러, 아프간에서 실종된 MH-53J '페이브 로 Ⅲ' 헬기는 4,000만 달러에 이른다.

병력과 장비를 유지하는 데 필요한 탄약·식량·연료 등 보급품도 엄청나다. 미 보병 1인당 필요한 보급품은 하루 평균 45~225kg. 제 2차 세계대전 때 25kg 정도가 필요했던 데 비해 크게 늘어난 것이다. 전투기 1대가 한 번 공격임무를 수행하고 기지로 귀환하는 데는 50만 달러의 돈과 10~20t의 보급품이 필요하다. 인도양에 배치된 미 핵항공모함 전단은 하루 평균 5,000t의 보급품을 필요로 한다.

걸프전 때 미군을 비롯한 다국적군은 6개월간의 작전을 위해 700만의 보급품을 비축해야 했다.

　이는 우리나라에도 그대로 적용된다. 3년에 걸친 6·25전쟁 전비는 500억 달러(93년 기준)였지만, 지난 94년 북한 핵위기 때 미 국방부와 합참이 추산한 한국전 재발시 전비는 610억 달러에 달한다. 우리 군이 도입할 이지스함은 1척에 1조 원, 차기 전투기(F-X)는 대당 1,000억 원, 신형 K1A1전차는 대당 50억 원대에 달한다. 이처럼 상상을 초월하는 전비와 무기가격은 우리가 전쟁예방과 평화정착에 더욱 힘써야 하는 중요한 이유 중 하나가 되고 있다.

_《국방일보》, 2002년 1월 24일

● **CHAPTER 5**

한미동맹,
중·일 군사력 증강

한국 생존生存 전략가늠할
사드 한반도 배치

"한국이 사드(THAAD) 배치를 강행한다면 한·중 경제협력에도 악영향이 초래될까 우려됩니다."

최근 사석에서 만난 중국 상하이 경제단체의 한 고위 관계자는 말문을 경제 문제가 아니라 미국의 고(高)고도 요격 미사일인 사드 문제로 열었다. 사드는 고도 150km까지의 탄도미사일을 요격할 수 있는 상층(上層) 방어 요격 미사일이다. 사드의 '눈'인 레이더(AN/TPY-2)는 탐지거리가 1,800km에 달해 한반도에 배치되면 북한은 물론 중국의 미사일 발사까지 탐지할 수 있다.

지난해 스캐퍼로티 주한미군사령관이 사드의 한반도 배치를 건의한 뒤 주한미군 배치가 검토되고 있는 데 대해 중국 정부와 안보 전문가들은 계속 반대 입장을 밝혀왔지만 경제계 인사의 언급은 뜻밖이었다. 그로부터 며칠 뒤 방한한 창완취안(常萬全) 중국 국방부장은 한·중 국방장관 회담에서 중국군 수뇌부로는 처음으로 사드 배치에 대한 우려를 한민구 국방장관에게 공식 전달했다. 중국의 압박이 전방위적으로 이뤄지고 있는 셈이다.

사드 배치의 또 한 축인 미국의 움직임도 예사롭지 않다. 미 국무부 부장관과 차관보가 잇따라 방한해 "사드 배치에 대해 한국 정부와 협의한 바 없다"면서도 "사드 배치는 북한 미사일 위협에 대응한 것이지 중국을 겨냥한 것이 아니다"라고 되풀이해서 말했다. 미 국방부 대변인은 사드 배치를 한국 정부와 협의하고 있다고 했다가 파문이 일자 며칠 만에 발언을 번복했다. 최근 미 정부 관계자들의 행태는 중국에 대한 견제는 물론 한국 정부에 대해 분명한 태도를 취하라고 압박하는 의미도 있다는 게 중론이다.

이에 대해 우리 정부와 군은 어정쩡한 태도로 일관하고 있다. 주한미군에 사드가 배치된다면 북 미사일 방어에 도움이 되겠지만 현재까지 미 정부의 공식 요청이 없어 논의하지 않고 있다는 것이다. 이른바 '전략적 모호성' 정책이다.

하지만 사드 문제는 이제 전략적 모호성의 단계를 벗어나고 있다는 지적이 늘고 있다. 사드가 주한미군에 배치되더라도 중국을 겨냥한 것이 아님을 중국 측에 명확히 설명하고 양해를 구하는 정공법(正攻法)으로 가야 한다는 것이다. 중국은 사드 미사일보다 레이더가 유사시 중국의 미사일 발사를 일찌감치 탐지해 이 정보를 미·일 미사일방어(MD) 체제에 전달하는 것을 더 우려하는 것으로 알려져 있다. 정부 소식통은 "주한미군에 사드 레이더가 배치되더라도 미·

일 MD 체제의 일부가 아니라는 점을 중국 측에 납득시키는 것이 관건이 될 것"이라고 말했다.

사드 배치는 이제 단순한 무기체제 문제가 아니라 미·중 등 주변 강국 사이에서 한국의 생존 전략과 국가 대전략을 가늠하는 사안으로 확대되고 있다. 지난주 민간 안보 싱크탱크에서 개최된 세미나에서 한 저명한 원로 국제정치학자는 "미국은 한국에 대한 신뢰를 거두고 있으며 일본도 한국을 무시하고 상대하지 않으려 하고 있다"며 "중국도 미국과 일본에서 멀어지는 한국을 더 이상 대등한 외교 대상으로 보지 않으려 한다"고 말했다. 사드 문제를 계기로 정부가 한국의 생존 대전략을 재점검하고 미·중 양대 강국 사이에서 오판과 실기(失機)하지 않기를 바란다.

_《조선일보》, 2015년 2월 18일

일본 집단자위권의 불편한 진실眞實

지난 2005년 8월 일본 요코스카 해군기지 등 주일 미군 기지들을 방문한 적이 있다. 한반도에서 전면전이 났을 때 병력과 무기, 보급 물자 등을 지원하는 역할을 하는 기지들이었다. 이 기지들은 주한 유엔군사령부 휘하에 있지만 일본에 주둔하고 있어 '유엔사 후방 기지'라고 한다. 유엔사 후방 기지는 요코스카 기지 외에 오키나와 가데나 공군기지, 후텐마 해병대 기지 등 7곳이 있다.

요코스카 기지는 한반도 유사시 '약방의 감초'처럼 출동하는 항공모함과 이지스함을 비롯한 미 7함대 소속 함정들의 모항(母港)이다. 함정 10여 척이 한반도 유사시 48시간 내 출동 태세를 갖추고 있다. 아시아 최대 미 공군기지인 가데나 기지에는 F-15 전투기, E-3 공중조기경보통제기, KC-135 급유기, RC-135 전략정찰기 등 한반도 위기 때마다 등장하는 항공기 120여 대가 배치돼 있다. 오키나와 기지엔 한반도 위기 때 가장 먼저 출동해 전쟁을 억제하거나 북한의 공격을 저지하는 미 제3 해병원정군이 배치돼 있다. 사세보 기지엔 한반도 유사시에 사용할 수백만에 이르는 탄약이 저장돼 있다. 이 기지들을 둘러보면서 "일본에 있는 유엔사 후방 기지가 제 역할을 못하면 한반도 전면전 때 제대로 전쟁을 치를 수 없다"는 군 관계자의 설명이 '불편한 진실'처럼 가슴에 와 닿았다.

집단자위권을 행사할 수 있게 하는 안보 법률 제·개정을 완료하면서 '전쟁할 수 있는 나라'가 된 일본에 대한 우려가 커지고 있다. 특히 한반도 유사시 일본 자위대가 우리 의사와 관계없이 한반도로 출동할 수 있게 된 것 아니냐는 논란도 뜨겁다. 정부와 군 당국은 이에 대해 "우리 측의 요청 또는 동의 없이 일본 집단자위권이 한반도에서 행사되는 일은 없을 것"이라는 말만 되풀이하고 있다.

그러면 현실도 정부 설명처럼 단순 명쾌하게 정리될 수 있을까? 많은 전문가는 그렇지 않다고 지적한다. '바닷속의 지뢰'라는 기뢰는 북한이 역점을 두고 있는 비대칭 위협 중 하나이지만 이에 대응하는 우리 군의 기뢰 제거 작전 역량은 크게 부족하다. 반면 일본 해상자위대의 기뢰 제거 작전 능력은 세계 정상급으로 꼽힌다. 미국은 이미 6·25전쟁 때 비밀리에 일본으로 하여금 원산 등지에서 기뢰 제거 작전을 펴도록 했다. 한반도 유사시 기뢰 제거 작전에 자위대가 투입될 가능성이 높은 이유다. 탄약 등 보급품을 실은 미군 선단 (船團)을 자위대가 동·남해상에서 우리 영해 외곽까지 호송하는 임무를 맡을 수도 있다. 북한의 잠수함정을 탐지하는 대잠(對潛) 작전에도 미군의 요청으로 자위대 초계기가 투입될 가능성이 거론된다. 우리가 16대만 보유하고 있는 P-3C 해상초계기를 일본은 80여 대나 보유하고 있기 때문이다.

일본의 안보 법률 제·개정은 상당수 우리 국민에겐 가슴을 향하는 비수처럼 느껴지는 듯하지만 군사 안보 측면에선 득실이 함께 있는 양날의 칼과 같은 존재다. 정부가 국민감정만 의식해 어정쩡하게 넘어가려 한다면 유사시 북한 앞에서 국론 분열과 한·일 갈등 등 '적전(敵前) 분열'의 비극이 발생할지도 모른다. 지금이라도 국민에게 '불편한 진실'을 알리고 일본·미국 등과 모든 경우의 수에 대한 솔직하고 구체적인 후속 조치 논의를 서둘러야 한다.

_《조선일보》, 2015년 9월 23일

중 · 일은 쑥쑥 뽑아내는데

〈장면 1〉 지난달 말 일본의 한 조선소에서 다양한 미사일과 자체 개발한 신형 '미니 이지스' 레이더를 탑재한 최신형 구축함이 진수됐다. 아키쓰키급 신형 구축함(호위함 · 19DD) 4번함인 후유즈키함이었다. 국내 언론의 주목을 받지는 못했지만 아키쓰키급 구축함은 종전의 일본 해상자위대 구축함에 비해 대공(對空) · 대함(對艦) · 대잠(對潛)미사일 등 강력한 공격력을 자랑한다. 특히 '일본판 이지스 시스템'으로 불리는 FCS-3 개량형 위상배열 레이더를 갖췄다. 일본은 이 신형 함정을 지난 2년 사이 4척이나 건조했다.

〈장면 2〉 중국의 첫 항모 바랴그는 지난달 27일 오후 초강력 태풍 '볼라벤'이 서해상으로 북상하는 가운데 정박지인 다롄(大連)항을 떠나 10차 시험 항해에 나섰다. 태풍 등 악조건하에서의 성능 시험과 엘리베이터를 활용한 모형 함재기(艦載機) 운용 시험 등이 이뤄질 것으로 예상됐다. 바랴그는 다음 달쯤 실전 배치될 가능성이 크다는 전망이 나오고 있다. 또 지난달 중국 웹사이트들은 중국의 신형 071급 대형 상륙함(1만 8,000t급) 3번함인 장백산함과 개량형 중국판 이지스함이 진수를 앞두고 있거나 진수된 모습을 전했다.

〈장면 3〉 한국 국방부는 지난달 29일 오는 2030년까지의 군사력 건설 및 국방개혁 청사진을 담은 '국방개혁 기본계획 2012~2030'을 발표했다. 지난 2009년 발표된 '국방개혁 기본계획 2009~2020'이 2020년까지의 상황을 상정했던 데 비해 이번 계획은 2030년까지 한반도 통일 실현 가능성 등 안보 상황 변화를 고려해 만든 것이다. 한국형 차기 구축함(KDDX) 및 독도급 2번함(대형 상륙함) 건조, 공중급유기 및 차기 전투기(F-X) 도입 등 해·공군력 증강 계획이 포함됐다. 그러나 이들 가운데엔 이미 과거 정부부터 추진됐다가 시기가 늦춰진 것들이 많다.

최근 독도와 센카쿠 열도를 둘러싼 한·일, 중·일 간 갈등의 파고가 높아지면서 주변 강국인 중·일의 해·공군력 증강, 특히 해양 분쟁 발생과 해상 교통로 보호에 중요한 해군력 강화에 대한 우려가 커지고 있다. 그런 점에서 지난달 말 발표된 우리의 국방개혁 기본계획은 북한의 높아진 국지 도발 대책뿐 아니라 통일 과정 및 통일 이후의 대(對)주변국 전략까지 포함될 것으로 기대를 모았다.

하지만 이번 발표 내용은 그런 기대에 못 미쳤다는 평가가 적지 않다. '북한의 군사적 위협 불변'을 전제로 대북 전략 위주로 짜였기 때문이다. 천안함 폭침 사건과 연평도 포격 도발을 자행한 북한의 행태를 감안하면 국방부의 입장과 고민은 이해할 만하다. 그러나

해·공군력 건설 등 첨단무기 증강에는 보통 10년 이상의 시간이 필요하다는 점에서 지금 치밀한 계획을 세워놓지 않으면 통일 과정과 통일 이후 안보 상황 변화에 대처하기 어렵다는 지적도 설득력 있게 나온다. 중국은 1985년에 이미 대만 유사시 미국 해·공군력의 접근을 억지하고 전 세계 바다에서의 중국 영향력 확대를 위한 3단계 전략을 수립한 뒤 해·공군력 건설을 착착 진행해왔다. 우리 군(軍) 당국과 수뇌부의 중장기 전략적 안목과 고민이 더욱 아쉬워지는 때다.

_《조선일보》, 2012년 9월 5일

중국, 압록강 도하훈련까지 하면서

지난 2005년 8월 18일 중국 인민해방군과 러시아군은 러시아 극동 블라디보스토크에서 역사적인 사상 첫 연합 군사훈련에 들어갔다. '평화의 사명 2005'로 명명된 이 훈련은 블라디보스토크에서 시작돼 8월 25일까지 8일 동안 3단계에 걸쳐 실시됐다. 1단계는 함대 기동 훈련, 2단계는 수륙 양동 작전(상륙훈련), 3단계는 첨단 미사일 발사 훈련 등이었다. 1969년 중·소 국경분쟁으로 무력충돌까지 벌였고, 경쟁관계였던 두 나라의 연합 훈련은 격세지감을 느끼게 하고, 우리나라는 물론 미국·일본이 촉각을 곤두세울 수밖에 없는 사안이었다.

실제로 두 나라는 우리나라와 가까운 산둥(山東)반도를 주무대로 훈련을 실시해 한반도 긴급상황을 상정한 것 아니냐는 관측이 설득력을 얻었다. 또 러시아 공군은 항공모함 공격용 대함(對艦) 크루즈(순항)미사일을 탑재한 TU-22M3 '백파이어'를 비롯한 전략폭격기를 훈련에 참가시키는 등 항모 격퇴훈련까지 했다. 그러나 당시 우리나라나 미국에서 이 훈련의 중단을 요구하거나 항의하지 않았다.

그 뒤에도 중국과 러시아의 연합훈련은 계속되고 있다.

중국은 더 민감한 훈련도 종종 벌이고 있다. 압록강 도하훈련이 그것이다. 지난 2008년 5월 중국 심양군구 소속 공병대 200여 명이 단둥(丹東)시 인근 압록강에서 부교(浮橋) 설치 훈련을 하는 모습이 목격됐다. 부교는 병력과 장비가 강을 건너갈 수 있도록 하는 물에 떠 있는 다리다. 이 훈련은 북한 급변사태 때 중국 병력이 북한에 진주(進駐)하는 상황을 상정한 것으로 전문가들은 분석했다. 코앞에서 우리에게 비수를 들이대는 훈련을 한 셈이다.

앞서 2004년 7월 일본 언론들은 중국군이 압록강에서 처음으로 도하훈련을 실시했다고 보도하기도 했다. 중국은 북한의 항의에도 불구하고 종종 이 같은 훈련을 실시하는 것으로 알려졌다.

이런 중국이 최근 서해상 한·미 연합훈련에 반대하며 우리 측을 압박하고 있다. 친강(秦剛) 중국 외교부 대변인은 지난 8일 "중국은 외국 군함과 전투기가 황해(서해)와 중국 근해로 와서 중국의 안보 이익에 영향을 미치는 활동을 하는 것을 결연히 반대한다"는 입장을 밝혔다. 친 대변인은 13일 한·미가 중국의 반발을 감안해 미 항모 등 핵심 전력(戰力)은 동해상에서 훈련하는 방안을 검토하는 것에 대해서조차 "이미 밝힌 대로 우리의 입장은 명확하다"고 했다. 자기는 해도 남은 하지 말라는 것이다.

이번 한·미 훈련은 중국을 겨냥해 하는 것이 아니라 천안함 폭침에 대한 대북 제재 수단의 하나로 추진돼온 것이다. 중국도 잘 알 것이다.

멈칫거리는 한·미 양국 정부와 군의 태도도 이해는 가지만 답답한 점이 없지 않다. 이번에 중국의 압력에 굴복해 서해상 연합훈련을 취소 또는 연기한다면 중국과 북한에 매우 잘못된 메시지를 줄수 있다. 우리 외교부 대변인이 언급했듯이 군사 훈련은 주권 문제다. 중국과 북한이 우리 주권 문제에 개입할 수 있다고 생각하게 된다면 장차 커다란 국가적 불행을 맞을 수 있다.

유럽의 작은 나라들은 중국의 강력한 반발에도 불구하고 달라이라마의 방문을 받아들인다. 주권에 대한 개입은 절대 허용하지 않는다는 메시지를 세계를 향해 보내는 것이다. 국가의 주권이란 그렇게 지켜지는 것이다.

_《조선일보》, 2010년 7월 15일

더딘 우주군軍의 길

"이번 예상 추락 궤적에는 오차 범위 내에 한반도가 포함돼 있습니다."

러시아의 화성 탐사선 '포보스-그룬트'호(號)가 지난달 16일 새벽 지구상에 추락하기에 앞서 한국천문연구원은 이 같은 예상 자료를 내놓았다. 지난해 11월 발사된 이 탐사선은 발사체와 분리되기는 했지만 엔진 고장으로 지구로 추락하게 됐다. 다행히 러시아 탐사선은 칠레 서쪽 태평양에 추락했다. 하지만 시간이 30~40분만 더 당겨졌더라면 한반도에 추락할 수도 있었다는 분석이 나왔다. 그런데도 우리 쪽에선 이 탐사선이 어떻게 움직이고 있는지 알 수 없어 답답했다. 탐사선을 추적할 광학(光學)이나 레이더, 레이저 우주 감시 체계가 없기 때문이다.

군(軍)에서는 공군본부 항공우주과가 천문연구원과 태스크포스(TF)를 구성, 미 북미방공사령부(NORAD)가 인터넷 홈페이지에 공개한 정보를 분석해 탐사선의 추락 예상 궤도를 추정하고 만약의 사태에 대비해 미 우주사령부와 비상 연락망을 구축했다. 하지만 이 것이 우리 군이 할 수 있는 역할의 전부였다. 군에도 위성 추적 감시 수단이 없어 실시간으로 탐사선을 추적할 수 없었던 것이다.

1990년대 중반 이후 우리 공군의 캐치 프레이즈는 '하늘로, 우주로!'다. 공군은 '항공우주군'을 공군력 건설의 중장기 목표로 설정하기도 했다. 공군은 지난 2007년 공군본부 전력기획참모부 내에 우주 분야를 전담하는 항공우주과를 만들어 전문 인력 10여 명을 배치했다. 공군은 같은 해 10월엔 국정감사장에서 야심 찬 3단계 우주 전력(戰力) 건설 계획을 발표했다. 오는 2015년까지 1단계로 민간 부문과 인공위성 추적 체계의 협력 체제를 만드는 등 우주 작전 기반 체계를 구축하고, 2016~2025년엔 2단계로 광학(光學) 및 레이더 우주 감시 체계를 만들고 지상에 레이저 무기도 실전 배치하며 '우주작전단'을 창설하겠다는 것이었다. 2025년 이후엔 3단계로 공중 및 우주에 레이저 무기를 실전 배치, 우주군으로 발돋움하겠다는 구상이었다.

하지만 이런 계획을 실현하기 위한 조직이나 예산 뒷받침은 아직까지 이뤄지지 않고 있다. 우주 담당 조직은 공군에만 있을 뿐 상급 기관인 국방부나 합참에는 없다. 담당 인력도 국방부에 단 한 명밖에 없는 실정이다. 중국이나 일본의 정찰위성이 언제, 어떤 경로로 우리나라를 지나가는지 탐지할 광학 추적 장비 도입은 계속 늦춰져 7~8년 뒤에야 이뤄질 것으로 전망된다. 더구나 민간 부문에선 거꾸로 가려는 움직임까지 나타나고 있다. 조직을 강화해도 시원치 않을 항공우주연구원(항우연)을 정부의 연구 기관 통폐합 방침에 따라 다른 연구 기관과 합치는 방안이 추진되고 있다. 나로호를 발사했던 항우연은 민간 차원에서 우주의 군사적 활용을 지원해야 할 기관이다.

반면 일본·중국 등 주변국은 우주의 군사적 활용에 박차를 가하고 있다. 일본은 우주 무기 개발이 가능하도록 관련 법 개정을 추진하고, 남북한을 모두 감시할 수 있는 정찰위성을 속속 발사하고 있다. 중국도 독자적인 항법위성과 정찰위성을 계속 띄우고 있다. 우주를 향해 중국과 일본은 뛰어가는데 우리는 거북이걸음을 하거나 오히려 뒷걸음질을 하고 있는 듯해 안타깝다.

_《조선일보》, 2012년 2월 11일

제주 해군기지의 중요성

최근 중국 해군 창군 60주년을 기념하는 대규모 국제관함식이 열린 중국 산둥(山東)성 칭다오(靑島) 앞바다. 후진타오 중국 국가주석과 29개국 대표가 탄 미사일 구축함 116호 스자좡(石家莊)함 앞으로 중국 원자력추진 잠수함과 재래식 잠수함, 최신형 수상 함정들이 차례로 줄지어 나타났다.

스자좡함은 실전 배치된 지 2년밖에 안 된 최신예 함정으로 우리 세종대왕함보다 약간 작은 크기(7,000t)다. 사정거리 90km의 대공미사일 수직발사기 48기, C-803 대함미사일, 헬기 등으로 무장하고 있다.

해상 분열식의 선두엔 이날 처음으로 공개돼 국제적인 관심을 끈 탄도미사일 탑재 원자력추진 잠수함이 섰다. 1988년 배치된 '샤(夏)'급(092형) 잠수함인 '창정(長征) 6호'였다. 비록 주목을 받았던 최신형 '진(晉)'급(094형)은 나타나지 않았지만 '창정 6호'는

8,000km 떨어진 목표물을 공격하는 '쥐랑(巨浪) 2호'(JL-2) 핵탄두 탑재 미사일 12기를 신고 있는 중국군 최고의 전략무기다.

이날 원자력추진 잠수함에 가려 그다지 주목을 받지 못했지만 사열식에 참가한 25척의 중국군 수상(水上)함정 중엔 배치된 지 2~5년밖에 안 된 최신예 함정들이 적지 않았다. 수상함정 대열은 스자좡함과 같은 급(級)인 115호 선양(瀋陽)함이 이끌었고, 중국판 이지스함으로 불리는 란저우(蘭州)함이 뒤따랐다. 7,000t급인 란저우함은 사정거리 120km의 대공미사일 수직발사기 48기와 C-602 대함미사일 등으로 무장하고 있다. 중국은 지난해 말 란저우와 같은 중국판 이지스함 2번함인 하이커우(海口)를 소말리아 해적소탕 작전에 파견했다.

이들 함정의 뒤를 이은 광저우(廣州)함, 하얼빈(哈爾濱)함, 다롄(大連)함 등도 3,600~7,000t급의 대형 함정들로 각종 미사일을 장착하고 있다. 아시아 최대의 상륙함인 독도함보다 약간 작은 만재(滿載) 배수량 1만 8,000t급의 071형 대형 상륙함 쿤룬(崑崙)함과 022형 스텔스 미사일고속정도 공개적으로는 첫선을 보인 함정들이었다.

그날로부터 나흘 뒤(지난달 27일)에 다롄항에서도 중국 해군력과 관련해 주목할 만한 움직임이 있었다. 지난 98년 우크라이나로부터 고철로 도입돼 2002년부터 다롄항에 정박 중이던 옛 소련의 6만 7,000t급 항공모함 바르야그가 다롄항 내 대형 전용 독으로 옮겨진 것이다. 외신들은 중국군이 바르야그를 다롄항에서 훈련용 항공모함으로 개보수 작업을 해왔으며 통신기기 등을 정비한 후 취역시킬 것으로 전망하고 있다. 중국 해군의 오랜 숙원사업이었던 항공모함 보유가 가시화하고 있는 것이다.

중국이 바르야그를 옮긴 그날 서울 정부중앙청사에선 국방부장관과 국토해양부장관, 제주지사 등이 참석한 가운데 '제주 해군기지(민·군 복합형 관광미항) 건설과 관련한 기본협약서' 체결식이 열렸다. 오는 2014년까지 건설될 제주 해군기지는 이지스함 등 함정 20여 척이 동시에 접안할 수 있는 전략 기지다. 중국이 영유권을 주장하는 이어도에서 해양 분쟁이 발생했을 때의 출동시간을 비교해보면 부산에선 21시간 30분이나 걸리는 반면, 중국 퉁다오에선 11시간 15분, 일본 도리시마에선 12시간 40분밖에 걸리지 않지만 제주 기지에선 7시간이 소요된다.

최근 중국의 해군력 증강 움직임과 해양분쟁 발생 가능성, 제주 남방해역의 해저자원 보호 등을 감안해볼 때 제주 해군기지의 전략적 중요성은 더욱 커질 수밖에 없다.

_《조선일보》, 2009년 5월 5일

불붙은 동북아 우주 군비경쟁

"오는 2025년까지 레이저 무기를 실전 배치하고 '우주작전단'을 창설하는 등 우주 전력(戰力)을 3단계에 걸쳐 육성하겠습니다."

며칠 전 공군본부에 대한 국정감사에서 공군 고위관계자가 업무보고를 통해 밝힌 내용이다. 이날은 공교롭게도 중국이 첫 달 탐사 위성을 발사하는 데 성공해 세계 언론의 주목을 받은 날이었다. 당시 공군 보고내용은 우리 군의 구체적인 우주전력 육성계획을 처음으로 공개해 의미가 있는 것이었지만, 중국의 달 탐사 위성 발사에 가려 언론에선 거의 다뤄지지 않았다.

보고 내용에 따르면 오는 2015년까지 1단계로 우주작전 기반체계가 구축된다. 민간 부문과 인공위성 추적체계 등에 있어서 협력체제를 만들고, 2012년 대(對)탄도탄 조기경보 레이더를 도입하겠다는 것이다. 2단계(2016~2025년)엔 광학(光學) 및 레이더 우주감시 체계를 만들고 지상에 레이저 무기도 실전 배치된다. 2025년 이후엔 3단계로 공중 및 우주에 레이저 무기를 실전 배치, 우주군으로 발돋움하겠다는 것이 공군의 야심 찬 목표다. 이것이 실현되면 이른바 '별들의 전쟁(Star Wars)' 계획에 등장하던 우주 무기를 우리도 갖게 되는 셈이다.

정말 꿈같은 얘기다. 때문에 "천문학적인 비용을 고려하지 않은 비현실적인 계획", "강대국도 아닌 우리가 그들과 똑같은 계획을 추진할 필요가 있는가"라는 지적도 나온다. 그러나 중국·일본 등 주변 강국의 부산한 움직임 등을 감안할 때 이런 움직임이 만시지탄(晚時之嘆)이라는 전문가들의 지적도 적지 않다.

이와 관련해 최근 가장 눈에 띄는 나라가 중국이다. 중국은 지난 1월 11일 개조된 KT-1 고체로켓 추진 위성발사체로 추정되는 위성공격용 무기를 쏘아올려 865km 상공의 자국(自國) 기상위성 FY-1C를 요격하는 데 성공, 세계를 놀라게 했다. 중국은 2005년 첫 위성공격용 무기를 실험한 데 이어 지상에 배치된 레이저 무기로 수백 km 상공을 돌고 있는 미국의 정찰위성에 레이저 광선을 발사, 장애를 일으킨 적도 있는 것으로 알려져 있다. 크루즈(순항)미사일 유도에 활용될 수 있는 독자적인 위성항법 시스템 개발도 2011년까지 완료할 예정이다.

일본도 북한의 대포동 미사일 발사를 구실로 정찰위성 발사를 서둘러 현재 4기의 정찰위성이 매일 한 차례 한반도는 물론 지구 어느 곳이든 사진을 찍을 수 있는 체제를 갖췄다.

문제는 이런 중·일의 움직임으로부터 우리가 결코 자유로울 수 없다는 데 있다. 우주 공간에 떠 있는 우리나라 9개의 위성 중 5개가 중국이 올 초 시험한 위성공격용 무기의 사정권 내에 들어 있다. 여기엔 정찰위성 역할도 겸하고 있어 전략적으로 매우 중요한 아리랑 2호도 포함돼 있다. 또 일본의 정찰위성들이 매일 우리나라 상공을 지나면서 민감한 시설의 사진을 찍어도 언제, 어느 경로로 이동하는지 몰라 눈뜬장님처럼 보고만 있어야 한다. 광학 망원경 외에 레이더·레이저 위성추적(SLR) 시스템을 갖춰야 하지만 지금은 이런 장비가 전무하기 때문이다.

지금이라도 우주의 군사적 활용에 국가 차원의 관심을 가져야 하는 이유가 여기에 있다. 더 머뭇거리다가는 매우 중요한 국가 전략 공간인 우주를 주변 강국이 군사적인 면에서 독식(獨食)하는 상황이 올 수 있다는 생각이다.

_《조선일보》, 2007년 11월 1일

일본의 전후 첫 헬기항모 진수

지난 23일 일본 요코하마시(市)의 IHI 마린 유나이티드 요코하마 조선소. 경(輕)항공모함처럼 대형 비행갑판을 가진 함정 1척이 수백 명의 참석자들이 지켜보는 가운데 진수됐다.

배수량이 1만 3,500t에 달하는 해상자위대의 신형 헬기 탑재 호위함 '휴우가'가 완성돼 웅장한 모습을 드러낸 것이다. 휴우가는 2차 대전에 참전했던 구일본 해군의 전함 이름을 그대로 따온 것이다. 원래 항공기를 탑재할 수 없는 전함(戰艦)이었지만 전쟁 말기 항공기 20여 대를 실을 수 있는 '항공전함'으로 개조된 특이한 이력의 함정이었다. 이번에 진수된 '휴우가' 역시 헬기 여러 대를 탑재하고 적 잠수함을 잡는 것을 주임무로 한다는 점에서 시사하는 바가 많은 명명(命名)이다.

국내 언론에선 별로 주목을 받지 못했지만 16DDH로 불려온 휴우가의 진수는 몇 가지 점에서 우리가 관심을 기울일 만하다. 우선

2차 대전 후 해상자위대가 보유한 최대 규모의 전투함이라는 것이다. 해상자위대가 배수량 1만이 넘는 전투함을 갖게 된 것은 처음이다. 또 일본판 미니 이지스 시스템이라 할 만한 최신형 레이더를 장착하고 있다. 일본이 독자 개발한 이 레이더는 이지스함처럼 360도를 항상 커버할 수 있다.

무엇보다 이 함정이 눈길을 끄는 것은 항공모함인지의 여부 때문이다. 일본 당국은 공식적으로 헬기 탑재 호위함으로 부르며 결코 경항공모함이나 헬기 탑재 항공모함이 아니라고 주장하고 있다. 그러나 상당수 국내외 언론에선 이 배를 전후(戰後) 최초의 일본 헬기항모 또는 경항모로 부르고 있기도 하다. 일본이 총 4~6척을 보유할 휴우가는 격납고와 갑판상에 최대 11대의 헬기를 실을 수 있고 대형 비행갑판에선 SH-60 대잠(對潛)헬기 4대가 동시에 이륙할 수 있다. 그러나 수직이착륙기와 같은 고정익 제트 전투기가 없고 이런 전투기를 발진하는 데 필요한 '스키 점프(ski jump)'라 불리는 특수한 갑판도 설치돼 있지 않다.

때문에 전문가들은 휴우가가 현재 경항공모함은 아니지만 헬기항공모함으로는 손색이 없다고 지적하고 있다. 휴우가는 종전 하루나급(級) 헬기 탑재 구축함이 3대의 헬기를 실을 수 있었던 데 비해 4배 가까이 많은 헬기를 탑재, 해상자위대의 헬기 작전 능력을 크게 향상시킬 수 있다. 경항모로 개조될 수 있다는 논란을 불렀던 대형 상륙함 오오쓰미급(8,900t급)에 비해서도 훨씬 크다. 또 함대를 이끄는 기함(旗艦) 역할과 재난 구호 사령부 기능도 수행한다.

휴우가는 '항모 보유'라는 일본 해상자위대의 오랜 염원을 풀 수 있는 첫 초석을 쌓았다는 점에서도 유의할 만하다. 해상자위대는 2차 대전 패전 이후에도 항모 보유의 미련을 버리지 못하고 있다가 냉전이 심화되고 있던 1960년대 대형 비행갑판을 가진 1만급 대잠 헬기항모(CVH)를 구상했다. 당시 미국 군사 고문단도 이에 찬성해 미국에서 일부 건조비용을 부담하는 방향으로 대잠 헬기항모 계획이 추진됐으나 예산문제와 여론의 악화로 결국 취소됐다. 이때 '꿩 대신 닭'으로 대신 등장한 것이 하루나/시라네급 헬기 탑재 구축함이고 이들 함정의 노후화에 따라 이들을 대체하겠다며 등장한 것이 휴우가다.

일본의 헬기항모 구상이 우여곡절 끝에 40년여 만에 실현된 셈이다. 휴우가의 진수를 눈여겨봐야 할 이유는 한두 가지가 아닌 것이다.

_《조선일보》, 2007년 8월 27일

일본이 F-22를 도입한다면

지난해 여름 미국 알래스카에서 미국의 최신예 전투기 F-22와 현재 미 주력 전투기인 F-15·16·18 사이에 훈련을 통한 모의 공중전이 벌어졌다.

F-22는 지난해부터 실전배치되기 시작한, 윤이 반짝반짝 나는 신형 전투기다. 하지만 F-15·16·18 또한 현재 사용 중인 전투기 중엔 세계 정상급으로 꼽히는 것이어서 만만한 상대가 아니었다.

그러나 결과는 참담했다. 144 대(對) 0, 241 대 2. 첫 번째 주 훈련에선 F-15·16·18 144대가 격추될 때까지 F-22는 단 한 대도 추락하지 않았고, 훈련이 모두 끝날 때까지 F-15·16·18은 241대가 격추된 반면, F-22는 2대만이 상대방에 얻어맞아 추락한 것으로 나타난 것이다.

결정적인 승인(勝因)은 레이더에 잡히지 않는 F-22의 스텔스 성능이었다. F-22가 레이더에 잡히지 않아 F-15·16·18 등은 F-22가 접근하는지도 모르고 있다가 수십 km 밖에서 중거리 공대공(空對空)미사일 등에 뒤통수를 얻어맞아 당했던 것이다.

F-22는 스텔스기의 대명사로 통하는 F-117 전폭기보다도 레이더로 잡기 힘들다고 한다. 레이더 스크린에 나타나는 미세한 점의 크기가 F-117의 4분의 1~6분의 1에 불과하다는 것이다. 레이더상의 항공기 크기는 RCS(Radar Cross Section)로 표시된다. F-22의 RCS는 0.0001㎡로 알려져 있다. 꿀벌이나 풍뎅이 같은 작은 곤충과 비슷하게 레이더에 나타나는 수준으로 사실상 탐지가 불가능하다는 얘기다. F-117 스텔스 전폭기의 RCS는 0.0004~0.0006㎡, 우리 공군의 최신예기인 F-15K의 모체(母體)가 된 F-15E는 6㎡, 중국이 러시아로부터 도입 중인 SU-30MKK는 4㎡인 것으로 해외 분석자료들은 밝히고 있다.

알래스카에서의 실험은 F-22가 조기경보통제기(AWACS)나 RC-135 통신감청 전략정찰기처럼 정보수집 및 정찰능력 면에서도 유용하다는 것을 보여줬다고 한다. 때문에 전문가들은 F-22기를 현재 세계에서 라이벌이 없고 공중전 전력(戰力) 균형을 깰 수 있는 최강의 전투기로 평가하고 있다.

그런 F-22 12대가 조만간 일본 오키나와 가데나(嘉手納) 미 공군기지에 배치될 예정이다. 임시 배치이기는 하지만 해외기지에는 처음으로 배치되는 것이다.

F-22의 주일 미군기지 배치가 우리의 관심을 끄는 것은 북한 핵 문제에 대한 무력시위일 가능성과 함께 일본에 대한 판매 가능성 때문이다. 일본은 F-22 구매를 희망하고 있지만 아직 미국이 일본을 비롯한 외국에 F-22 판매를 승인한 적이 없다. 그러나 긴밀한 미·일 관계를 감안할 때 2010년 이후엔 판매승인이 이뤄질 것이라는 전망도 많다.

　일본은 이와 별개로 F-22를 모방한 스텔스기 개발을 추진 중이고, 중국도 F-22를 모방한 J-13, J-14 차세대 스텔스기를 개발 중인 것으로 알려져 있다. 우리 공군도 내심 F-22 구입을 바라지만 대당 1억 5,000만 달러에 달하는 천문학적인 가격 때문에 엄두를 못 내고 있는 실정이다.

　하지만 이제는 미·일·중 주변국의 움직임을 더 이상 방관만 하고 있을 때가 아니라는 생각이다. 지난해 알래스카 모의훈련에서의 참담한 결과가 유사시 우리에게 현실로 나타나지 않는다는 보장이 없기 때문이다.

_《조선일보》, 2007년 2월 17일

이어도에서 한·중 해양 분쟁 일어나면…

'마라도에서 149km, 중국 통다오(童島)에서 247km, 일본 도리시마(鳥島)에서 276km.'

최근 한·중간 해양 분쟁 지역화할 조짐을 보이고 있는 '전설의 섬' 이어도의 위치다. 중국이 지난해 '이어도 종합해양과학기지'에 대해 해상초계기 등의 항공기로 다섯 차례 감시활동을 펼쳤던 것으로 드러난 데 이어 27일엔 중국 내에서 우리 해양기지를 철거하고 이어도를 중국령(領)으로 확보하려는 민간 단체가 출범할 것이라는 외신 보도까지 나왔다.

실제로 많은 전문가들이 이어도가 센카쿠 열도, 독도 등과 함께 한·중·일 간에 해양 분쟁이 발생할 가능성이 높은 지역이라고 일찌감치 지적해왔다. 만일 이어도에서 갑작스러운 해양 분쟁이 발생해 군 함정까지 긴급 출동해야 할 상황이 생긴다면 어떤 일이 벌어질까?

현재 제주도에 배치돼 있는 해군 함정은 연평해전과 서해교전의 주역인 150t급 소형 고속정 몇 척이 고작이다. 분쟁시 중국 해군 함정들과 대응하려면 진해나 부산에서 1,000t급 이상 대형 함정이 출동해야 한다. 진해에서 10노트(시속 18.5km)의 속력으로 이동하면 이어도까지 25시간이 걸린다. 반면 군항(軍港)이 있는 중국 상하이(上海)에선 18시간, 일본 사세보(佐世保)에선 21시간이 소요된다. 우리가 진해에서 출동하는 것보다 4~7시간이 적게 걸리는 것이다. 제주도 남쪽에서 출동하면 소요시간은 8시간 반으로 크게 단축된다.

이처럼 제주 남방 해역에서의 해양 분쟁 가능성에 대비하고 우리 국가 경제의 젖줄인 해상 교통로를 보호하기 위해 해군이 추진 중인 것이 제주 해군기지다. 제주 남방 해역을 통과하는 해상 교통로를 통해 이동하는 우리나라 전략 물자는 원유의 경우 99.8%, 곡물 및 원자재의 경우 100%에 달한다. 우리 경제구조상 15일 이상 해상 봉쇄가 이뤄지면 국가 경제가 파탄에 직면할 수밖에 없다. 또 제주 남방 해역은 석유와 천연가스 등 230여 종의 해저 자원이 매장돼 있는 자원의 보고(寶庫)다. 지속적인 해양 감시와 보호가 필요해지는 대목이다.

군에서 제주 해군기지 건설에 투자할 예산은 내년부터 2011년까지 총 8,000여 억 원. 기지가 건설되면 이지스함, 대형 상륙함(LPX), 한국형 구축함, 잠수함, 군수지원함 등 20여 척의 함정으로 구성된 기동전단(戰團)이 자리 잡게 된다.

하지만 제주 해군기지 건설에는 넘어야 할 산이 아직도 많은 듯하다. 13년 전부터 계획이 추진됐지만 3~4년 전부터 본격화한 지역 내 반대 움직임으로 찬반 의견이 팽팽히 맞서 사업이 계속 지연되고 있다. 반대론자들은 "평화의 섬 이미지에 맞지 않는다", "동북아 분쟁시 미군 기지화하거나 미사일방어(MD)체제에 편입된다", "경제적 파급효과도 없다"는 등의 주장을 펴고 있다. 이에 대해 해군은 "시드니 등 세계 3대 미항에도 군항이 있다", "MD체제와는 무관하다", "기지 완공 후 연간 2,500여 억 원의 지역경제 파급효과가 있을 것"이라고 반박하고 있다.

이 논란의 와중에 국방부 등 국가 안보의 1차 책임자인 중앙정부의 모습은 거의 보이지 않고 있다. 제주 해군기지가 국가 전략적으로 정말 중요하다면 이제는 중앙정부가 책임감을 갖고 나서야 할 때가 아닐까. 정부는 공군에만 맡겨놓다시피 했다가 문제 해결이 계속 지연돼 미국 측의 강한 불만을 사고 큰 경제적 대가를 지불한 직도 사격장의 교훈을 잊지 말아야 할 것이다.

_《조선일보》, 2006년 11월 29일

'작전계획 5029' 폐기 안 된다

"한·미 양국은 이미 1997년 12월 한·미 연례안보협의회(SCM)에서 한반도 내 불안정 사태에 대비한 한·미 대응지침을 마련했다. 여기엔 대규모 (탈북) 난민 발생에 대한 대책과 UN의 결의, 또는 남북 합의시 북한지역에 대한 인도주의적 지원방안, 대량살상무기의 통제력이 상실된 경우 대책 등 여러 가지 대응 시나리오를 마련하고 있다."

국방부가 발간한 1999년판 국방백서에 실려 있는 내용이다. 북한 급변 사태에 대한 한·미 양국군의 군사적인 대응책을 처음으로 공개해 눈길을 끌었던 대목이다. 최근 논란을 빚고 있는 '작전계획 5029-05'의 뿌리도 여기에 있다.

한·미 양국은 1997년 합의를 토대로 1999년 '개념계획 5029-99'를 완성했다. 개념계획 5029는 우리 정부 차원의 북한 급변 사태 대비계획과는 별개로 한·미 양국군이 처음으로 이런 성격의 계획을 만들었다는 데 의미가 있었다. 반면 문서상의 다소 추상적인 계획이라는 한계도 있었다. 미국 측은 구체적인 실행계획을 담은 작전계획 수립의 필요성을 역설했고, 결국 2003년 말 한·미 양국 합참의장은 '작전계획 5029' 수립에 합의했다.

그러나 작전계획 5029는 추진 1년여 만에 국가안전보장회의(NSC)의 개입으로 한·미 양국군 간에 논의가 중단됐다. 결국 폐기처분돼 휴지통으로 들어갈 가능성이 높다고 한다. 일부 군 전문가들은 작전계획 5029가 폐기되면 미국 측이 한국 측과 상의 없이 독자적으로 북한 급변 사태에 대비한, 보다 '과격한' 작전계획을 세울 가능성이 있다고 우려한다. 조너선 그리너트 7함대 사령관이 지난 17일자 성조지와의 인터뷰에서 "북한 정권이 붕괴하거나 안정에 문제가 생긴다면 우리(7함대)는 투입되어(go in) 북한의 질서를 회복하는 데 조력할 것"이라고 밝힌 것도 독자적인 작전 가능성을 시사한 것이라는 해석이 나오고 있다. 미국이 지난 1994년 북한 핵위기 때 비밀리에 영변 핵시설 폭격 계획을 수립하고 상당수의 병력 및 장비를 한반도에 은밀히 들여왔던 것은 최악의 경우 미측이 '나대로' 계획을 실행에 옮길 수 있음을 보여주는 것이다.

북한 내 정변으로 김정일 정권이 붕괴되는 상태에서 김정일 위원장이나 반대 측의 요청 등을 빌미로 중국군이 북한 내에 진주하는 경우도 우리 정부나 군의 독자적인 대응을 어렵게 할, 최악의 시나리오 중 하나다. '반군(叛軍)에 의한 핵·생화학무기 등 대량살상무기 탈취', '북한 내 한국인 인질 구출 작전', '대규모 인도주의적 지원 작전' 등 우리가 대비해야 할 '우발사태'도 미군의 정보수집 수단, 특수부대 침투수단, 수송수단 등의 지원이 없으면 대응이 힘든 것이 현실이다.

때문에 작전계획 5029를 휴지통에 던져버리기보다는 우리로선 받아들이기 힘든 '독소 조항'을 제거, 대폭 수정·보완하는 것이 바람직하다는 의견도 적지 않다. 전면전에 대비한 작전계획인 '작전계획 5027'의 경우 북한 내 군정(軍政) 실시 문제와 관련, 한·미 양국은 북한을 '미수복 지역'으로 볼 것이냐, '연합사 관할지역(점령지역)'으로 볼 것이냐를 놓고 10년 이상 신경전을 벌였었다. 미측은 지난 1998년에야 '작전계획 5027-98'을 수립하면서 '북한은 (한국의) 미수복 지역'이라는 한국 측 입장을 수용한 것으로 알려졌다. 폐기 대신 수정·보완이라는 방법을 통해서도 우리의 주권이나 자존심을 살릴 수 있는 방법은 있다는 생각이다.

_《조선일보》, 2005년 4월 22일

뛰는 중국·일본군, 기는 한국군

지난해 12월 말 한 중국 군사전문 사이트에 중국 해군의 최신형 함정 사진이 공개돼 네티즌들 사이에 화제와 논란을 불러일으켰다. '115'라는 함번(艦番)이 붙은 이 함정은 당초 알려진 것보다 훨씬 크고 강력한 것으로 평가되고 있다.

중국은 이 밖에도 최근 2, 3년 사이에 루후, 루하이, 광주, 선전급(級) 등 4, 5종(種)의 4,800~7,000t급 신형 대형 함정을 속속 건조해 전문가들을 놀라게 하고 있다. 여기엔 미국의 이지스함처럼 위상배열 레이더를 장착한 7,000t급 함정과 러시아의 소브레메니급 구축함과 비슷한 강력한 공격력을 가진 함정, 미사일 수직발사 시스템(VLS)을 장착한 함정들이 포함돼 있다. 중국 해군 함정들은 숫자만 많지 질적으로 크게 낙후돼 있다는 전문가들의 일반적인 평가를 무색하게 하는 변화다.

이들은 대부분 우리 해군이 보유한 전투함 중 가장 큰 4,500t급

KDX-Ⅱ 구축함(3척 보유)보다 큰 것이다. 물 위뿐 아니라 물 속에서도 신형 탄도미사일 핵잠수함(094급)과 공격용 핵잠수함(093급), 신형 재래식 잠수함 등 '신세대' 잠수함들이 속속 등장, 미국·일본·한국 잠수함들과 눈에 보이지 않는 경쟁을 벌이고 있다. 중국군의 질적 변화는 비단 해군에 국한돼 있지 않다. 미국의 집요한 견제에도 불구하고 공중조기경보통제기(AEW&C) 실전배치를 눈앞에 두고 있는 것으로 알려져 있다.

일본에서도 첨단 군사력 증강과 국제적 역할 확대를 위한 발걸음이 빨라지고 있다. 일본 정부는 지난해 12월 '신(新)방위계획대강'과 이를 토대로 한 '차기 중기 방위력 정비계획'(2005~2009년)을 승인한 뒤 '무기수출 3원칙' 완화안을 발표했다. 이는 일본이 전후 무기수출을 금지한 원칙을 무너뜨려, 사실상 무기수출 허용 범위를 확대하는 길을 튼 것이다. 특히 중국과 북한을 안보위협 요인으로 부각시켜 미사일 방어(MD)체계 도입, 이지스함 추가 건조 및 공중급유기 도입 등을 추진, 주변국을 자극하고 있다.

반면 이런 중국과 일본 사이에 끼여 있는 우리의 모습은 어떠한가? 국방부는 지난해 7,000t급 이지스 구축함 건조, P-3C 해상초계기 2차 사업(8대 추가도입) 등 몇몇 전력증강 사업 착수를 결정했다. 그러나 자주국방의 상징적 사업인 공중조기경보통제기 사업(E-X) 기종선정은 협상지연을 이유로 올해로 연기됐다. 또 육군 장성 인사 비리 의혹 수사 등 군내 사건·사고에 파묻혀 "한국군을 어떻게 선진국형 군대로 발전시킬 것인가. 군 구조개편과 군살빼기 등을 어떻게 할 것인가" 등 우리 군을 주변국 군사력 증강과 시대변화에 맞춰 어떻게 '건강한' 군대로 탈바꿈시킬 것인가에 대한 정책은 찾아보기 힘들었던 것 같다.

물론 군내 비리 척결이 한국군을 보다 건강하게 만들고 선진화하는 데 도움을 주는 긍정적인 측면도 있다. 하지만 우리 군내의 크고 작은 환부(患部)를 도려내는 데에만 집착하다가 정작 군 전체가 주변국 중 가장 뒤떨어진 군대가 되거나 기형적인 몸으로 바뀌는 것을 방치하는 것은 아닐까. 올해는 시야를 우리 군 내부 문제에만 국한하지 말고, 북한은 물론 주변국에까지 넓혀 한국군의 변화와 발전에 대해 고민하고 실천에 옮기는 한 해가 됐으면 하는 바람이다.

_《조선일보》, 2005년 1월 5일

주한미군 감축·재편의 메시지

미국《워싱턴 포스트》의 대기자 밥 우드워드가 미국의 이라크 공격계획 수립과정을 심층취재해 지난 3월 펴낸『공격 계획(Plan of Attack)』이라는 책에는 한반도 유사시 작전계획에 대한 대목이 나온다.

럼즈펠드 미 국방장관이 취임 초기 한반도 전면전에 대비한 '한미 연합 작전계획 5027'에 대해 브리핑을 들은 뒤 충격을 받아 "어안이 벙벙해졌다"고 밥 우드워드와의 인터뷰에서 말했다는 것이다. "극비계획이라는 것이 몇 년 지난 구식이었고 그 지역(한반도)으로 대규모 병력을 수송하는 기계적 측면에 초점을 맞추고 있었다"는 것이 밥 우드워드가 전하는 '작전계획 5027'에 대한 럼즈펠드의 솔직한 평가다.

이런 럼즈펠드의 생각 때문인지, 아니면 여기다가 한국의 반미 분위기에 대한 미측의 감정적인 반작용까지 보태졌기 때문인지 주한

미군 감축 및 재편(再編)의 물살은 예상보다 강하고 빠르다. 미국은 지난 6월 초 전체 주한미군의 3분의 1에 달하는 1만 2,500여 명의 주한미군을 내년 말까지 한반도에서 빼내가겠다고 통보한 데 이어, 7월 말 이후엔 주한미군을 미 육군 최신 편제(編制)로 내년 말까지 바꾸겠다는 전면 개편안을 제시하고 있다. 이들 편제 개념은 지난 2~3년 사이에 정리돼 미국 본토의 경우도 이제 겨우 극소수 부대에 대해서만 개편을 마친 상태이지만, 해외 주둔 미군 중 주한미군에 처음으로 적용하겠다는 것이다.

주한미군의 변화가 이처럼 너무나 빠르다 보니 미군이 이제 한반도에서 완전히 발을 빼려 하는 것이 아니냐며 안보공백을 우려하는 목소리도 적지 않다. 그러나 최근 미 국방부와 군 당국이 우리 당국에 전한 입장에는 일단 몇 가지 긍정적인 요소가 있다고 소식통들은 말한다. 우선 북한의 군사적 위협이 크게 감소하지 않는 한, 주한 미 지상군을 지휘하는 8군과 주한미군 사령부의 골격 및 지휘관 계급을 바꾸지 않을 것이며, 주일미군에 비해 주한미군을 약화시키지 않겠다는 메시지다. 핵심 전력부대 철수를 강행하려던 태도를 바꿔, 다연장로켓(MLRS) 1개 대대의 철수 연기를 적극 검토 중인 것도 긍정적인 변화다.

반면 여기엔 우리가 심사숙고해 하루빨리 대비책을 세워야 할 심각한 메시지도 있다는 생각이다. 주한미군의 최신 편제 변화는 이라크전 등을 통해 발전된 미국의 첨단전쟁 개념을 한반도에 적용하겠다는 의미도 있다. '네트워크 중심전(NCW)', '효과기반 작전(EBO)'

으로 대표되는 미국의 첨단전쟁은 종전에 비해 훨씬 적은 규모의 지상군 병력을 투입하는 대신 정밀유도 무기와 특수부대, 지휘통제 감시정찰(C4ISR) 시스템 등을 동원한다. 이는 한반도에서 전면전이 발발할 경우 '작전계획 5027'에 따라 69만 명의 대규모 미 지상군 병력이 투입되는 상황은 더 이상 기대하기 힘들며, 지상전은 한국군이 책임져야 할 때가 임박했다는 얘기다. 이 밖에도 주한미군 감축 및 재편을 앞두고 우리가 준비하고 고민해봐야 할 것은 한두 가지가 아니다.

최근 2사단 2여단 장병 3,600여 명이 이라크로 모두 떠났다. 이는 단순히 주한미군 3,600명이 줄어들었다는 것뿐 아니라 본격적인, 돌이키기 힘든 주한미군 감축 및 재편 시작을 알리는 신호탄이기도 하다. 이런 상황에도 정부와 군 당국의 준비는 게걸음을 걷고 있는 것 같아 답답하다.

_《조선일보》, 2004년 8월 27일

자위대自衛隊는 날고, 한국군은 기어가나

지난달 20일 일본 이라크 파병부대가 사용할 장갑차, 차량 70여 대와 각종 보급 물자를 실은 대형 함정이 쿠웨이트로 출항하는 모습이 각종 언론 매체를 통해 보도됐다.

항공모함처럼 생긴 이 함정은 해상자위대 소속 수송함 오스미다. 오스미는 이름만 수송함일 뿐 유사시 경(輕)항공모함으로 개조될 수 있는지에 대해 논란을 불러일으킨 일본 군사력 증강의 상징적인 존재다. 배수량 8,900t의 이 대형 함정은 이번 이라크 파병의 경우처럼 전 세계 주요 분쟁 지역에 나타나 일본의 능력을 뽐낼 수 있다.

그러면 일본의 세 배 이상의 병력을 파병하는 한국군 '자이툰부대'의 장비와 물자는 어떻게 수송하나? 군 당국은 당초 해안에 전차 등을 상륙시키는 전차상륙함(LST)으로 장갑차와 차량 등 파병부대가 쓸 각종 장비와 물자를 수송하려 했다. 그러나 한국군이 보유한 4,000t급 상륙함은 거친 파도를 헤치고 쿠웨이트까지 가는 데 어려움이 많고 화물 탑재량도 적어 민간 상선을 임차, 장비와 물자를 수송키로 했다고 한다.

　주력 부대 1진이 쿠웨이트로 출발한 일본 육상자위대도 각종 일본제 최신 무기로 무장하고 있다. 일본은 96식 장갑차 등 도시지역 치안 유지작전에서 무한궤도(캐터필러) 장착 장갑차보다 효율적인 바퀴 달린 고속 차륜(장륜) 장갑차를 대거 투입하고 있다. 한국군은 국산 무한궤도 장착 K-200 장갑차를 투입할 계획이지만 이번 파병에 더욱 필요하다고 볼 수 있는 고속 차륜 장갑차는 파병장비에 포함돼 있지 않다. 마땅한 장비를 갖고 있지 않기 때문이다. 유사시 기동타격대 투입이나 응급환자 수송 등에 필수적인 헬기도 미측에 20여 대의 지원을 요청했으니 아직 결론이 나지 않은 상태다.

　'자이툰부대'의 어려움은 비단 장비문제뿐이 아니다. 3,700명에 달하는 장병들을 먹이고 재우며, 수백 대의 장비를 유지하는 군수보급에도 상당한 시행착오와 난관이 예상된다. 우리 군은 이렇게 많은 병력을 한반도에서 수천 km 떨어진 곳까지 파병, 직접 운영해본 경험이 없기 때문이다.

　파병부대가 현지에서 큰 충돌이나 갈등 없이 '소프트 랜딩'하기 위한 사전 준비작업도 기대에 못 미친다는 걱정도 나오고 있다. 외교부장관과 국방부장관이 중동 국가를 순방하고, 키르쿠크 주지사를 방한토록 하는 등 외형상 활발한 활동을 벌이는 듯하지만 이라크인들의 가려운 구석을 긁어줄 보다 세심한 노력이 필요하다는 것이다. 한 전문가는 "현재 국방부와 한국국제협력단(KOICA) 등 외교부로 나뉘어 파병 지원 방안이 추진되고 있으나 범정부 차원의 통합 파병 지원 시스템 구축이 시급하다"고 말했다.

지난달 말 끝난 '자이툰부대' 장병 선발은 15.9 대 1이라는 높은 경쟁률을 보였다. 파병부대원 사기도 높다고 한다. 하지만 장병들의 사기가 안전을 보장해주는 것은 아니다. 파병 예정지인 키르쿠크에선 미군 및 경찰에 대한 테러 공격, 파업, 시위, 종족 간 갈등 소식이 잇따르고 있다.

국방부도 뒤늦게 파병 예산을 당초 계획보다 25% 증액 요청, 장병들의 안전 대책에 부심하고 있지만 이라크 파병에 대한 국민적 관심은 지난달 파병안의 국회 통과를 고비로 점차 시들어지는 것 같다. 불과 한 달 뒤면 수천 명의 우리 젊은이들이 이라크 땅을 밟게 된다. 국민의 관심이 절실해지는 것은 정작 지금부터라는 생각이다.

_《조선일보》, 2004년 3월 5일

태풍권에 진입한 주한미군

제35차 한미연례안보협의회(SCM) 참석을 위해 취임 후 처음으로 한 국을 찾은 도널드 럼즈펠드 미 국방장관은 주한미군 감축 가능성을 묻는 기자들의 질문에 즉답은 피했다. 그러나 답변에는 일관된 흐름이 있었다.

"군사력은 숫자를 말하는 것이 아니다. 치명적 군사능력을 융통성 있게 투입할 수 있느냐가 문제다." "숫자는 무의미하며, 예를 들어 전함이 5척이었다가 3척으로 되면 척수는 줄겠지만 전함의 전투능력을 향상시킨다면 실제로 전함이 줄었다고 볼 수 없다."

폴 울포위츠 미 국방부 부장관, 리언 러포트 주한미군사령관 등 다른 미군 수뇌부도 주한미군 감축 가능성에 대해 즉답을 제시하기 보다는 "주한미군 재편이나 재배치는 한미 연합방위태세를 증강시키는 쪽으로 진행될 것"이라고 강조해왔다.

이들의 언급대로 지난 수개월 동안 주한미군 전력과 한반도 유사시 시나리오에는 몇 가지 눈에 띄는 변화가 일어나고 있다. 미측은 지난 5월 향후 4년간 110억 달러의 주한미군 전력증강 계획을 추진하겠다고 발표한 뒤 최신형 PAC-3 패트리엇 미사일, 정찰용 무인항공기(UAV) 등 신형 무기를 주한미군에 배치했다. 고속수송선(HSV)을 투입, 미 해병대가 오키나와에서 한반도에 긴급투입되는 데 걸리는 시간이 종전 2~3일에서 하루로 줄어들 수 있다고 밝혔다. 해병 원정군 1개 여단 장비를 실은 대형 선박을 진해에 보내 하역훈련을 하기도 했다.

미측의 발언과 움직임이 우리에게 던지는 메시지는 점차 분명해지고 있다. "한국민들이여! 주한미군 숫자가 줄어들거나 재편되더라도 놀라거나 오해하지 말라. 미국의 대한(對韓) 방위공약은 확고하며 주한미군 전력은 오히려 증강되고 있다. "

럼즈펠드가 밝힌 것처럼 미국은 2년여 전부터 전 세계 미군 재편을 검토해왔고 이제 그 실현을 눈앞에 두고 있다. 미국은 이미 지난 2001년 말 '4개년 주기 국방보고서(QDR)'를 통해 주한·주일 미군이 동북아·중동 등 세계 각 지역에서 발생하는 분쟁이나 대테러전에도 투입될 수 있음을 밝혔다.

아울러 예상보다 훨씬 적은 병력으로 승리를 거뒀던 아프간전과 이라크전에 힘입어 수많은 병력과 장비를 투입했던 종전의 전쟁개념에서 탈피, '보다 적은 병사로 더 빨리 승리한다'는 개념 아래 한반도 유사시 한·미 연합작전계획 5027 등 각종 전쟁계획을 수정하고 있다. 미국은 한반도에서 전면전이 발발했을 때는 90일 이내에 병력 69만 명, 5개 항공모함 전단(戰團) 등 함정 160여 척, 항공기 2,500여 대를 한반도에 투입할 계획을 갖고 있다. 그러나 럼즈펠드 눈에는 이것이 너무 많은 병력과 장비를 동원하는 '비효율적이고 전근대적인' 계획으로 보일 것이다.

일부 전문가들은 주한미군 감축을 비롯한 변화가 현재의 남북 대치상황에서 북한에 잘못된 메시지를 전할 수 있고 대규모 지상군이 맞붙는 재래식 전쟁이 벌어질 가능성이 높은 한반도에는 적합하지 않다고 우려하고 있다. 그러나 우리가 반대하고 미국에 매달린다고 해서 한국에 주둔한 미군만 이런 변화에서 자유로울 수 있을까?

1945년 주한미군이 이 땅에 첫발을 디딘 이래 지금까지 대규모 철수를 한 것은 다섯 차례. 모두 한국 측의 문제제기가 아닌, 미국 자체의 필요에 의한 것이었으며, 미측 자체 판단과 필요에 의해 중단된 경우를 제외하곤 대부분 한국 측의 반대에도 불구하고 강행됐다.

이제 주한미군에는 감축과 재편, 이라크전 등 대테러전 투입과 동북아·태평양지역 분쟁 투입이라는 엄청난 변화의 태풍이 몰려오고 있다. 미국 측의 말 한마디에 일희일비하거나 호들갑 떨지 말고 의연하게, 그러나 심각하고 진지한 자세로 중장기적인 안목을 갖고 몰려올 태풍에 대비해야 할 때다.

_《조선일보》, 2003년 11월 24일

평택 미군기지의 전략적 의미

경기도 평택시 팽성읍의 166만 평 부지에 자리 잡은 미군기지 '캠프 험프리'는 1961년 한국에서 헬리콥터 사고로 순직한 미군 벤자민 K. 험프리 준위의 이름을 딴 것이다.

항공 수송, 통신, 의무, 헌병 등 지원부대와 정보수집 부대가 주로 자리 잡고 있다. 때문에 주력 전투부대에 비해 그다지 주목을 받지 못했다. 그런 캠프 험프리가 최근 미군기지 이전 반대 세력과 정부 당국의 충돌로 언론에 자주 등장하고 있다.

군 안팎에선 평택 미군기지 이전계획이 일부 주민과 '평택 미군기지 확정 저지 범국민대책위원회(범대위)'의 강력한 저항으로 당초 계획보다 지연됨에 따라 "평택기지 조성이 물 건너 가면 한미 안보동맹이 큰 위기를 맞을 것"이라는 우려의 목소리가 나오고 있다. 이에 대해 일각에선 사업 추진을 위해 과장된 안보위협을 하는 것이라는 반박도 나온다.

과연 그런가? 캠프 험프리는 흔히 '용산기지 이전 지역'으로 표현되곤 한다. 하지만 용산기지보다는 주한 미 지상군 주력 전투부대인 2사단이 옮겨갈 면적이 훨씬 넓다. 새로 매입된 팽성읍 일대 289만 평 중 용산기지 이전지역은 38만 평에 불과하지만 2사단과 다른 미군기지들이 옮겨갈 지역은 251만 평에 이른다. 기지확장 지역의 86%가량을 2사단과 다른 미군기지들이 차지하는 셈이다.

실제로 새 평택기지에는 한미연합사령부와 주한미군사령부, 유엔군사령부, 미8군사령부 등 용산기지의 사령부들 외에 제2사단사령부와 예하 여단, 제1중(重)여단 전투팀(HBCT) 본부 등 주한 미 지상군 주력 전투부대가 모두 집결하게 된다. 또 2008년까지 주한미군 총병력 2만 4,500명의 60%에 해당하는 1만 4,500여 명이 평택기지에서 생활하게 된다. 이처럼 1개 기지에 미군의 두뇌와 심장부, 타격력이 한꺼번에 집중되는 경우는 매우 드문 일이다.

평택기지는 인근 평택항과 기지내 활주로를 활용, '전략적 유연성'에 따라 하늘과 바다로 미 병력과 장비가 드나드는 관문 역할도 하게 된다. 오키나와 미 해병대기지로부터 24시간 이내에 병력과 장비를 한반도에 수송하는 고속수송선(HSV)이 최근 진해 대신 평택에서 종종 하역훈련을 하는 이유도 여기에 있다. 수송기 등 미 항공수단은 주로 오산기지를 활용하게 되지만 캠프 험프리의 활주로 또한 미 수송작전의 주력인 C-17 수송기가 착륙할 수 있도록 개선된다. 지금은 활주로 기반이 약해 C-17과 같은 대형 수송기의 이착륙이 불가능하다.

이렇게 주한미군의 '감독 겸 주장(主將)'이 되는 평택기지 계획이 상당 기간 지연되거나 무산된다면 미군이 "한국에서 나갈 수밖에 없다"는 반응을 보일 것은 불을 보듯 뻔하다. 촉박한 기한 내에 평택 이외의 다른 지역에서 새 이전 후보지를 찾는다는 것도 현실적으로 불가능하다.

　요즘 평택에선 "미군기지 이전사업이 제2의 새만금 사업이 될 것", "지방선거 때문에 5월 31일 이전에는 정부가 강력한 조치를 취하지 못할 것"이라는 말들이 그럴싸하게 떠돌고 있다고 한다. 반면 미군은 캠프 험프리에 6억 4,500만 달러를 들여 25개의 새 빌딩을 짓고 이미 통폐합된 미군기지들의 병력을 험프리로 이동시키는 등 2008년을 목표로 한 이전계획 실행에 박차를 가하는 모습이다. 서두르는 미군과 발목 잡힌 한국 정부. 아직까지는 '굳건한 동맹과 협조'를 한목소리로 외치고 있지만 곧 파열음이 날 것 같아 불안하다.

_《조선일보》, 2006년 4월 24일

● 부록

≪국방일보≫ 인터뷰 기사

항상 갈구하고 늘 우직하라, 농익은 애플 만든 잡스처럼…

≪미디어오늘≫ 인터뷰 기사 1

41번의 특종기자 "보직은 일찌감치 포기했다"

≪미디어오늘≫ 인터뷰 기사 2

"기자는 원래 제이름 석 자로 사는 사람"

● **유용원 기자는?**

1964년 충남 천안 출생. 1987년 서울대학교 경제학과를 졸업하고 현 《조선일보》 군사전문기자로 1993년부터 국방부를 출입한 현직 최장수 국방분야 담당 전문기자이자 우리나라 최초의 군사전문기자로 꼽힌다. 국방부 출입 20년을 맞은 2013년 3월 김관진 국방부 장관으로부터 감사장을 받았다. 매일 10만 명 안팎이 방문하는 국내 최대의 군사전문 웹사이트 '유용원의 군사세계 http://bemil. chosun.com'를 운용 중이다. 제6회 한국언론대상, 제1회 언론인 홈페이지 대상, 제7회 항공우주공로상, 기자협회 이달의 기자상(1994년) 등을 수상했다. 사단법인 한국국방안보포럼(KODEF) 기조실장으로 활동하며 주한미군 및 카투사 순직자 추모비 건립, 공군 순직 부자 조종사 흉상 제작, 국방과학연구소 격려비 건립, 각종 안보 세미나 등도 주도했다. TV조선의 〈북한 사이드 스토리〉 사회자를 맡는 등 방송에서도 활발한 활동을 하고 있다. 해군 정책자문위원, 한국방위산업학회 대외위원장, 항공소년단 이사 등을 맡고 있다. 『북한군 시크릿 리포트』, 『전문기자』, 『자주냐 동맹이냐』, 『무기바이블 1·2』, 『신의 방패 이지스』(이상 공제) 등을 저술했다.

항상 갈구하고 늘 우직하라, 농익은 애플 만든 잡스처럼…

무지개 병영토크 만나고 싶었습니다

– 유용원 군사전문기자와 육군71사단 이승정 대위 · 김신웅 병장 · 유승오 일병

1993년부터 국방부를 출입한 최장수 국방부 출입기자, 39회 특종으로 《조선일보》 사내 최다 특종기자, 2억 5,480여 만 명의 누적 방문자 수를 기록하고 있는 국내 최대의 군사전문 웹사이트 '유용원의 군사세계' 운영자. 이상은 군사전문기자라는 생소한 영역을 새롭게 개척한 주인공 중 한 명인 《조선일보》 유용원 기자의 프로필이다. 언론계에 궁금증이 많은 육군 71사단의 이승정(여군 51기) 대위, 미래가 너무 막연해 여러 가지 직업들을 살펴보고 있다는 김신웅(23) 병장, 기자가 꼭 되고 싶다는 유승오(23) 일병이 무지개 병영토크를 통해 궁금증 보따리를 풀었다.

유용원 군사전문기자가 육군 71사단의 김신웅 병장(왼쪽부터), 이승정 대위, 유승오 일병과 만나 자신의 살아온 길과 앞으로의 희망을 이야기하고 있다. 〈사진 제공: 국방일보〉

하고 싶은 일 치열하게 하다 보면 구름에 달 가듯 성공은 우리 품에

북한 군사력 과대·과소평가 말고 비대칭 위협·국지도발 대비해야

김신웅 병장(이하 김 병장) : 여러 번 질문을 받으셨을 것 같은데, 왜 군사 혹은 밀리터리 분야에 관심을 갖게 됐는지 궁금합니다.

유용원 기자(이하 유 기자) : 우리 세대에는 어릴 때 남자아이들이 전쟁영화나 전쟁 만화 좋아하는 경우가 많았습니다. 보통 나이 들면 이런 취향에서 벗어나는데 저는 나이 먹어서도 철이 덜 들어 계속 관심을 갖게 됐고 이제 취미가 직업이 된 셈이죠.(웃음) 대학교 다닐 때 전공은 경제학이었지만 용산 미군기지 인근 헌책방 등을 다니며 미군이나 무기 잡지를 구해보곤 했습니다.

유승오 일병(이하 유 일병) : 입대 전에 대학 학보사에서 기자로 활동해서 궁금한 것이 많습니다. 90년대만 해도 전문기자라는 개념이 보편적이지 않았을 것 같은데, 전문기자가 되겠다고 결심한 것은 언제인지?

유 기자 : 제가 1990년에 신문사에 입사했는데 처음부터 전문기자가 되겠다는 생각이 있었던 건 아닙니다. 다만 당시만 해도 언론에서 군, 특히 무기 등에 대해 잘 모르는 경우가 많더군요. 이를테면 전차와 자주포를 구분하지 못한다든가. 그래서 처음엔 막연하게 '이 분야를 특화하면 괜찮겠다. 회사에서 허용하는 한 오랫동안 해야겠다'는 생각을 했는데 몇 년 하다 보니 '전인미답의 불모지를 개척한다'는 자세로 국내 최초의 본격적인 군사전문기자가 돼야 하겠다는 결심을 굳히게 됐습니다."

이승정 대위(이하 이 대위) : 군인이나 공무원도 그렇고 기자도 그렇고, 제너럴리스트가 바람직하냐, 아니면 스페셜리스트가 바람직하냐에 대한 다양한 의견이 있을 것 같습니다. 한국의 대표적인 군사전문기자가 생각하는 전문기자론(論), 혹은 전문기자관(觀)이 궁금합니다.

유 기자 : 전문기자도 장단점이 있기 때문에 언론사 입장에선 전문기자와 비전문기자를 적절한 비율로 함께 운용하는 것이 바람직할 것입니다. 기자 개인으로는 제너럴리스트와 스페셜리스트를 함께 겸

할 수 있으면 좋겠죠. 하지만 현실적으로 대단한 천재가 아닌 이상 어려울 것입니다. 저 또한 스페셜리스트의 길을 가기 위해 제너럴리스트의 길은 일찌감치 포기했습니다. 저는 전문기자에겐 몇 가지 요소가 필요하다고 봅니다. 해당 분야 전문성은 가장 기본적인 요소이고요. 인내와 열정, 성실함, 호기심 등 모든 기자에게 공통적으로 요구되는 덕목도 필요하다고 봅니다. 제가 가장 듣기 싫은 말 중 하나가 '국방부 오래 출입했으니 전문기자 아니냐'라는 얘기입니다. 단순히 한 출입처를 오래 담당했다고 누구나 전문기자가 될 수 있다면 진짜 전문기자의 가치가 떨어지겠지요? 얼마나 치열하게 살고 노력했느냐가 중요한 요소라고 생각합니다. 저는 거기에다가 플러스 알파 역할도 필요하다고 생각하는데요, 해당 분야의 발전을 위해 기사 외적인 면에서도 이바지할 필요가 있다고 봅니다. 제가 바쁜 기자생활 속에서도 웹사이트 운영, 안보포럼(한국국방안보포럼) 창립 및 운영, 방송 프로그램 MC 등 다른 '부업'들을 하면서 1인 3역, 1인 4역을 하는 이유도 여기에 있습니다. 해당 분야의 발전에 흔적을 남겨 현세는 물론 후세에도 제대로 평가받을 수 있어야 진정한 전문 대기자가 아닐까 합니다.

유 일병 : 《조선일보》에서 특종을 가장 많이 하신 기자로 알고 있는데 기억에 남는 특종은?

유 기자 : 제가 지금까지 회사에서 받은 특종상은 39건인데 이는 《조선일보》가 특종상 제도를 공식적으로 시작한 뒤 가장 많은 기록이라고 합니다. 역사적으로 가장 큰 논란을 빚었던 하나회 명단 특종

도 했는데 이런저런 이유로 상은 못 받았고요. 북한 미그기의 미 정찰기 위협사건, '북 ICBM급 미사일 차량은 중국제' 등의 국제적인 특종이 기억에 남습니다.

이 대위 : 국방 혹은 안보분야에서는 보안 문제가 있습니다. 오랜 취재 경험에서 나온 나름의 관점이나 기준이 있는지 궁금합니다.

유 기자 : 국익·군사보안과 국민의 알 권리는 충돌하는 경우가 종종 있어왔습니다. 우리나라뿐만 아니라 미국에서도 마찬가지입니다. 베트남전 기간 중 미 《뉴욕타임스》의 펜타곤 페이퍼 사건은 유명하지요. 저도 젊은 기자 시절엔 잘 모르고 군사기밀을 보도해 혼난 적도 있습니다. 그런 일이 있은 뒤 조심하는데요, 지금도 어느 선까지 보도할 것인가는 종종 고민거리입니다. 군사기밀인지 아닌지 모호한 경우도 있는데 그렇게 찜찜한 경우엔 아예 기사를 안 쓰는 게 나은 때가 많았던 것 같습니다.

유 일병 : 기자들이 블로그 운영하는 정도의 시도는 적지 않지만, 유용원의 군사세계처럼 인터넷 커뮤니티를 만들어 성공한 사례는 거의 유일한 것 같습니다. 이런 홈페이지를 만드신 특별한 계기가 있으신지?

유 기자 : 2001년 8월 제 사이트를 처음 오픈했는데 당시 기자들 사이에 홈페이지를 만드는 게 유행이었습니다. 가까운 공보장교가 권유해 시작했는데요, 홈페이지치고는 좀 크게 시작했습니다. 각종 사

진과 무기제원 등 자료들도 올려놨으니까요. 온라인 세계에선 10년 이상 안정적인 성장세를 유지하기 어려운데 운 좋게도 12년 넘게 계속 성장세를 유지하고 있습니다. 무엇보다 5만 6,000여 명에 달하는 사이트 회원들 덕택입니다. 특히 실력 있는 군사 마니아 회원들과 오프라인 활동 등을 적극적으로 지원해주시는 열성 회원들께 항상 고맙게 생각하고 있습니다.

이 대위 : 유용원의 군사세계 운영을 통해 어떤 효과를 기대하시는지?

유 기자 : 우리나라는 세계 유일의 분단국가임에도 국방안보에 대한 관심과 이해가 많지 않은 것 같습니다. 군과 국민 사이에서 그런 이해의 폭을 넓히는 '교량' 역할과 국방안보에 관심 있는 사람들이 자유롭게 의견과 정보를 교환하는 장이 되는 '멍석' 역할을 하는 것이 저희 '비밀(BEMIL)'의 가장 중요한 사명이라고 생각합니다. 한 사관학교 생도가 초등학교 때부터 '비밀'을 접하면서 국방에 관심을 갖게 돼 직업군인을 희망하게 됐고 사관학교까지 진학했다는 얘기를 하더군요. 한 유명 정치원로는 제 사이트를 한동안 거의 매일 접속하면서 우리나라에 이렇게 국방, 무기 마니아 전문가가 많은지 처음 알게 돼 감동받았다고 하더군요. 그럴 때마다 말로 표현하기 어려운 보람을 느끼곤 합니다.

김 병장 : 전공이 경제 쪽인데 언론계에서 일할 결심을 하신 이유는?

유 기자 : 얼마 전에 서울대 경제학과 입학 30주년 행사를 했는데, 동

기들이 넌 얌전해 보여 학자가 어울릴 것 같았는데 왜 기자를 선택했느냐고 물으면서 동기들 중 제일 유명인사가 됐다고 하더군요. 언론분야는 젊은 나이에도 개인의 노력에 비례해 결과물(output)이 그대로 보이는 직업입니다. 그런 성취감을 바로 느낄 수 있는 직업이라는 매력이 있습니다.

김 병장 : 저는 아직 진로를 정하지 못해 고민입니다.

유 기자 : 하기 싫은 일을 억지로 하는 사람은 열에 아홉은 결국 일이 잘 안 되더군요. 적성이나 희망과 관련 없는 분야에서 일하게 됐다가 뒤늦게 방향전환을 하는 사람도 많습니다. 길게 보고 늦더라도 본인이 하고 싶은 것을 찾아보라고 권하고 싶습니다.

김 병장 : 인생의 목표는 무엇입니까? 좌우명이 있으신지요?

유 기자 : 제 궁극적인 목표는 우리 대한민국에서 점점 낮아지고 작아지는 듯한 밀리터리의 위상과 비중을 높이고 넓히는 것입니다. 그런 맥락에서 본업인 신문기사 쓰는 것 외에 방송·인터넷·잡지·라디오·모바일 등 모든 영역에서 밀리터리 관련 활동을 하고 있습니다. 저는 이 모든 것을 아우르는 대한민국 최초의 멀티 플레이어 전문기자가 되고 싶고 이미 전 분야에 걸쳐 조금이라도 활동을 하고 있습니다. 좌우명은 스티브 잡스가 남긴 명언 "Stay hungry, Stay foolish(항상 갈구하고 항상 우직하라)"입니다. 저는 아직도 여전히 배가 고픕니다.(웃음)

이 대위 : 최근 『북한군 시크릿 리포트』를 저술하셨는데요. 책을 집필하신 이유는?

유 기자 : 그동안 군 관련 취재를 하고 기사를 써오면서 군내에조차 북한군에 대해 일목요연하게 종합 정리한 책이 없다는 걸 알고 집필을 결심했습니다. 분야별 책은 있지만 전략전술과 역사, 군부 구성 및 인맥, 핵·미사일·생화학무기 등 비대칭 전력, 재래식 전력과 무기체계 제원, 군수산업, 군사비 등에 대해 종합적으로 정리한 책이 없었죠. 북한군의 무기체계는 제가 좀 알지만 북한군 체제와 군부 인맥 등에 대해선 깊이 있게 알지 못해 다른 전문가들과 함께 썼습니다. 특히 북한군 각종 무기체계에 대해 컬러사진과 제원을 덧붙인 도감식 해설은 국내외 공개 서적에서 찾아볼 수 없는 최초의 시도라고 자부합니다. 직업군인은 물론 북한학 전공 학생 등에게도 도움이 될 수 있는 북한군 교과서 겸 참고서를 만들려고 노력했는데요. 앞으로 계속 수정 보완해 나갈 계획입니다.

이 대위 : 군사적 측면에서 북한을 어떻게 평가하시는지, 우리 장병들에게 북한에 대한 어떤 마음가짐이 필요하다고 생각하시는지?

유 기자 : 북한군의 위협에 대해 너무 부풀려진 부분도 있고, 반대로 너무 저평가된 부분도 있습니다. 북한군 전력에 대해 과대평가할 필요도 없지만 그렇다고 해서 과소평가해서도 안 됩니다. 『북한군 시크릿 리포트』를 집필한 취지 중 하나도 이것입니다. 북한군에 구형 무기가 많고 기강도 해이해지는 모습을 보이는데 그렇다고 북한의

국지도발이 불가능해진 것은 아닙니다. 북한의 비대칭 위협과 국지도발 가능성에 대해선 우리가 항상 경각심을 갖고 지켜보고 대비해야 합니다.

_《국방일보》, 2013년 12월 12일

김병륜 기자 〈 lyuen@dema.mil.kr 〉

사진: 조용학

41번의 특종기자
"보직은 일찌감치 포기했다"

[한국의 전문기자들] 유용원 ≪조선일보≫ 군사전문기자

유용원 회사 눈치 안 보고 ≪미디어오늘≫과 인터뷰할 수 있는 유일한 ≪조선일보≫ 기자다.

그는 사내에서 대체 불가능한 '군사전문기자'다. 1993년 1월부터 22년째 국방부 출입기자로 활동하며 사내 특종상을 41번 받았다. 사내 특종상이 생긴 1970년대 이래 최다 수상이다. 국방부 출입기간 역시 모든 출입처를 통틀어 최장수 기록이다. 국방부장관, 육군 참모총장 등 내로라하는 인사도 유용원 기자의 전화는 한 번에 받는다. 이쯤 되면 ≪미디어오늘≫과 인터뷰해도 부담 없는 위치다.

1일 페이지뷰 100만, 누적 방문자 2억 7,200만 명(2014년 6월 26일 기준)을 자랑하는 군사전문 웹사이트 '유용원의 군사세계'도 그의 작품이다. 그의 활동은 기자에서 그치지 않았다. 사단법인 '한국국방안보포럼' 기획조정실장을 맡는가 하면, 공군사관학교에 순직한 조종사를 위한 추모비를 짓기도 했다. ≪미디어오늘≫은 '유용원 ≪조선일보≫ 기자'가 아닌, '유용원 군사전문기자'를 만났다. 10월 31일 국방부 근처에서 만난 유 기자는 "전문기자로 살기 위해 보직은 일찌감치 포기했다"며 악수를 청했다.

유용원 기자는 전문기자를 꿈꾸는 후배들에게 충고한다. "출입처를 오래 나갔다고 무조건 전문기자가 되는 건 아닙니다. 내가 20년 동안 국방부에 출근도장만 찍은 게 아닙니다. 노력해야 됩니다. … 기자는 기사로 승부합니다. 특종이나 기획기사라든지, 다른 신문에 비해 차별화된 기사를 써야 합니다. 기사 외적인 부분에서도 출입처에서 어떤 평가를 받느냐가 중요하죠." 해당 출입처 이슈에 대한 폭넓은 이해와 끝없는 취재 열정이 전문기자 타이틀을 유지하는 비결이다.

"철들면 잊어버리는데, 취미가 직업이 됐어요." 그는 처음부터 밀리터리 마니아였다. 40mm포를 35mm포로 소개한 국방부 관계자의 잘못된 설명을 고쳐줄 정도로 꼼꼼한 지식을 갖고 있었다. 무기에 대한 관심은 중학교 시절부터였다. 군사전문 주간지 《제인스 디펜스 위클리(Janes Defence Weekly)》를 정기 구독했다. 서울대 경제학과를 졸업한 뒤 1990년 기자가 된 이후에도 관심 분야에 대한 취재로 두각을 드러냈다. 결국 입사 3년차 만에 10년차 이상 선배들이 가득한 국방부를 출입하게 됐다.

"기자들은 다 희망하는 분야가 있지만 현실적으로 반영이 안 돼요. 저는 초년병 시절부터 국방부를 출입했어요. 회사 입장에선 파격적으로 두 명을 출입시켰죠. 《월간조선》 특종(하나회 220명 명단 공개)이 영향을 줬어요. 저도 초반에는 물을 많이 먹어서 바뀔 위험도 있었는데, 회사에서 계속 내보내줬어요. 배려를 해준 거죠." 이후 '군수본부 53억 포탄 사기사건'(1993), 'KF-16 추락사고 원인은 엔진결함'(1998) 등을 단독 보도했다. 그는 전문기자 최고의 덕목은 '열정'과 '신뢰'라고 강조했다.

그는 타사 국방부 기자들이 바뀔 때마다 자신은 군사전문기자를 하겠다고 큰소리쳤다. 그러면서 군인들 앞에서 무기에 대한 지식을 늘어놨다. 시간이 흐르자 신뢰를 다진 취재원들은 장군이 됐다. 자연스레 군 핵심정보를 얻게 됐다. 그러나 어려움도 있다. "한 분야를 오래 담당하면 극복해야 하는 게 인간적 고민이에요. 저도 사람이니까 사감이 기사에 영향을 끼칠 수 있어요. 그런데 그런 식으로 기사를 쓰면 그 기자는 오래갈 수 없어요. 비판해야 한다면 제일 먼저 비판해야 합니다."

그는 기자를 전문기자로 키우기 위해선 회사의 인내도 중요하다고 말했다. "기자라는 게 특종과 낙종에 민감하지만 낙종할 때마다 빼라고 하면 성장할 기회가 사라져요. 인내심을 갖고 출입시키면 더 큰 특종을 할 수도 있어요. 이 친구를 이 분야 전문가로 키우고 싶다면 회사에서 인내심을 갖고 뒷받침해줘야 합니다. 재교육 기회도 중요하구요." 《조선일보》는 '유용원 이후'를 대비해 국방부 인재풀을 5~6명가량 구성한 상태라고 했다.

"끝까지 군사전문기자를 하겠다는 생각은 변함이 없습니다." 그의 은퇴 후 노후설계는 '유용원의 군사세계'가 없었다면 불가능했다.

기자의 개인 홈페이지가 유행이던 2001년 어느 해군장교의 제안으로 만든 사이트는 오늘날 밀리터리 분야의 독보적 공간으로 성장했다. "이 정도는 예상 못했는데, 행복한 족쇄죠. 휴가 가서도 관리했으니까. … 많은 시간을 사이트에 투자하다 보니 딴 생각할 게 없어요. 군에 있는 분들은 기본적으로 주목하고 있어서 제 입장에선 보람을 느끼게 하죠."

그는 '유용원의 군사세계'가 군인과 시민들이 서로 정보를 교환하는 멍석과 교량 역할을 하길 기대한다. 밀리터리 마니아들의 무기 분석이 군 당국의 무기담당자에게 자극제가 되어 좋은 방향으로 반영되는 식이다. "사람들이 이제 종이신문을 안 봅니다. 결국은 온라인, 인터넷과 모바일이에요. 콘텐츠의 출발점과 종착점은 웹 공간이에요. 이쪽을 활용하지 않으면 생명력 있는 기자가 되기 어렵습니다." 요즘은 페이스북 페이지의 '좋아요'를 늘리는 데 열심이라고 했다.

"하나만 해서는 먹고살기 힘들어요. 요즘은 멀티 플레이어를 필요로 하죠. 방송 경험도 중요합니다. 신문기자이지만 방송에도 도전하고, 웹사이트도 만들고 SNS도 활용해야 합니다. … 인터넷이 발달하면서 기자에게 부담되는 게 많습니다. 지금은 잘못 쓰면 바로 공격받습니다. 점점 기자 하기 어려워요. 그런데 이런 위기가 기회가 될 수 있어요. 예전에는 정보 접근수단이 제한적이었지만 지금은 다양해졌어요. 콘텐츠 하나로 1타 5피할 수 있는 기회죠. 긍정적인 사고방식이 중요합니다."

그럼에도 전문기자로서 삶의 어려움은 곳곳에 존재한다. "한국적인 특징이 연공서열입니다. 우리 사회에서 전문기자들이 극복해야 되는 과제예요. 후배가 부장이나 국장이 될 경우 처신 문제가 쉽지 않습니다. 저도 몇 년 뒤면 경험하게 될 텐데 극복해야 합니다." 보직은 포기했다. 대신 이번 학기부터 북한대학원대학교에서 남북한의 군사통합을 주제로 논문을 준비하고 있다. 그는 "통일 과정에서 남북한 군사통합이 제일 어려울 것"이라 예상하며 "무력 충돌은 민족적인 비극"이라고 말했다.

군사전문기자로서 뗄 수 없는 관심사는 북한이다. "탱크 몇 대, 장갑차 몇 대로 북한을 보는 경우가 많은데 TV조선에서 프로그램을 진행하며 느낀 게 북한도 사람 사는 사회라는 점이었습니다. 북한에 대해 공부해야 합니다." 또 하나의 관심사는 핵무장이다. "핵무기에는 핵무기로 대항해야 합니다. 그러나 핵무장은 득보다 실이 많습니다. 핵무장을 바로 하는 건 반댑니다. 하지만 한국은 핵무장 잠재력을 키워야 합니다. 미국은 그런 잠재력도 주지 않으려고 합니다만."

그를 만나면 꼭 묻고 싶은 게 있었다. 2010년, 정부는 천안함이 북한의 어뢰피격으로 침몰했다고 발표했다. 군사전문기자의 생각이 궁금했다. 유용원 기자는 "(천안함 사건) 전체를 보면 10~20%는 국방부 설명이 부족하다"고 말했다. 그는 한 예로 "북한 연어급 잠수정이 와서 어뢰 공격을 했다는데 경로는 추정이 안 된다"며 "(합조단 발표에) 정확히 설명이 안 되는 부분과 입증이 부족한 부분이 있다"고 말했다. 그러나 그럼에도 불구하고, 결론은 '북한의 어뢰공격'

이라고 했다.

"그 큰 쇳덩어리가 두 동강이 났습니다. 어뢰공격이 아니라면, 그렇게 좌초할 수 있을까요. 국방부 발표를 믿지 않는 분들이 그러면 이거다, 라고 결정적으로 제시하는 게 있습니까. 없습니다. 어뢰가 아닌 이거다, 할 만한 주장은 없습니다. … 북한군이 한국군보다 뛰어난 점이 있습니다. 우리는 미국 중심의 첨단무기가 있지만 나름대로의 전략전술이 부족합니다. 반면 북한은 나름의 전략전술을 발전시켜 이가 없으면 잇몸으로 합니다. 소형 무인기를 만들어 우리를 괴롭히는 식이죠. 우리보다 북한이 앞선 분야 중 하나가 소형 잠수정 전략입니다. 북한의 500톤 이하 잠수정은 비대칭 위협 중 하나입니다." 51살의 취재기자는 어느덧 마감시간이라며 그의 보금자리인 국방부 기자실을 향했다.

_《미디어오늘》, 2014년 11월 3일
정철운 기자 〈pierce@mediatoday.co.kr〉

"기자는 원래 제 이름 석 자로 사는 사람"

《조선일보》 군사전문기자… 하루 9만 명 '유용원의 군사세계' 운영자

'유용원의 군사세계'는 기자들 사이에서도 유명한 곳이다. 11년 긴 세월 동안 독자들과 군사지식을 주고 받으며 전문적인 콘텐츠 공간으로 자리잡았고 동시에 유 기자의 브랜드도 높아졌기 때문이다.

유 기자는 지난 10여 년 동안 국방부를 출입하면서 군사지식에 대해 얘기할 수 있는 곳을 필요로 했고, 온라인 공간에서 그 해법을 찾았다. '유용원의 군사세계'를 제작하면서 유 기자는 피나는 노력이 있었고 그 결과 수천만 명의 독자가 든든한 우군으로 남았다.

– 하루 평균 '유용원의 군사세계'에 방문하는 독자수는?
"하루 순방문자수는 9만 명 안팎인데, 페이지뷰는 130만 건 정도다. 인터넷 독자의 충성도가 높은 셈이다."

– 사이트에 얼마나 투자하나?

"나름대로 관리하는 데 2-3시간 투자를 하고 있다. 낮에 근무시간 짬 날 때 하고 퇴근해서 하고, 주말에 나름대로 관리를 하고 있다. 인터넷 홈페이지, 블로그 권장을 하지만 데스크에 따라서 안 좋게 보는 경우도 있다. 틈나는 대로 하고 있다."

– 조선닷컴 메인 화면에 노출된 걸 보면 회사쪽 배려가 큰 것 같다.

"조선닷컴 메인 화면에 링크가 돼 있다. 처음부터 돼 있는 것은 아니고, 방문자수가 일정 수준이 되니까 그런 것이다. 트래픽에도 도움이 되니까, 별도로 해준 것인데 배려라고 볼 수 있다."

– TV조선에서도 프로그램을 맡은 것으로 알고 있다.

"지난 2~3월에 매주 30분짜리 방송프로그램을 맡았고 총 8회 제작됐다. 지난해 국방부를 혼자 커버했는데 사이트 관리 시간이 사실은 빠듯했는데 이진 후배 기자들을 배치하면서 여유가 생겼다."

– '유용원의 군사세계'가 모바일 앱도 제작됐는데.

"다운로드 건수가 2만 7,000건 정도라고 제작업체로부터 들었다. 언론사 기준으로는 떨어지지만 개인 사이트로서는 결코 적은 숫자는 아니다."

– 회원제로 운영되기까지 많은 어려움도 예상된다.

"초기에는 제가 자투리 정보와 기사 뒷이야기 등을 매일 올리다시피 했다. 일정 시점이 지나서 회원 가입이 5만 명 정도 됐고, 열성적으로 활동하는 회원이 몇 백 명이 된다. 그 회원들이 콘텐츠 올려주는 것이다. 저는 주로 매니지먼트를 하고, 회원들이 콘텐츠를 올려주면서 굴러가고 있다."

– 회원들이 올리는 콘텐츠를 보고 피드백이 되면서 기사로 노출되는 경우도 있을 것 같다.

"지난달 15일 북한군 대규모 열병식에 등장한 북한의 신형 ICBM(대륙간탄도미사일)급 미사일 운반차량이 중국에서 수출됐을 가능성이 있다고 특종 보도를 했는데, 정보 재원을 회원이 파악을 해서 건진 것이다. 회원들 중에서도 깜짝 놀라는 최신 뉴스들을 파악해서 올리는 분들이 있다."

– 오프라인 모임도 갖고 있나?

"사이트 성격상 군부대 방문 등을 많이 하는데 뒷풀이 성격으로 모이고 1년에 정기적으로 상반기, 후반기 두 번 정도 모인다. 송년회 모임에는 50~60명이 모인다."

– 스타기자의 요건은 무엇이라고 생각하나.

"기자는 기본적으로 자기 이름 석 자 가지고 사는 사람이다. 자기 브랜드를 추구해야 하는데 미국이나 선진국 기자처럼 브랜드를 추구하기 위한 노력이 필요하다. 기자 본인뿐 아니라 회사에서도 신경을 써줘야 가능하다. 지금부터 출입처를 1년마다 바꾸면 힘들다. 저 자신도 출입처가 안 바뀌었고 회사가 그만큼 배려를 해준 것이다. 브랜드를 가진 기자가 되려면 온라인 공간을 확보하고 어떤 분야에 대한 의견과 정보 공유의 장을 마련해 '멍석'을 깔게 되면 기자가 의도하지 않더라도 1인 미디어 영향력을 갖게 된다."

_ 《미디어오늘》, 2012년 5월 27일
이재진 기자 〈 jinpress@mediatoday.co.kr 〉

BEMIL 총서는 '유용원의 군사세계(http://bemil.chosun.com)'와 도서출판 플래닛미디어가 함께 만드는 군사·무기 관련 전문서 시리즈입니다. 2001년 개설된 '유용원의 군사세계'는 1일 평균 방문자가 7만 5,000~9만 명, 2015년 8월 누적 방문자 3억 명을 돌파한 국내 최대·최고의 군사전문 웹사이트입니다. 100만 장 이상의 사진을 비롯하여 방대한 콘텐츠를 자랑하고, 특히 무기체계와 국방정책 등에 대해 수준 높은 토론이 벌어지고 있습니다.

BEMIL 총서는 온라인에서 이 같은 활동을 토대로 대한민국에서 밀리터리에 대한 이해와 인식을 넓혀 저변을 확대하는 데 그 목적이 있습니다. 여기서 BEMIL은 'BE MILITARY'의 합성어이며, 제도권 전문가는 물론 해당 분야에 정통한 군사 마니아들도 집필진에 참여하고 있는 것이 특징입니다.

최장수
국방부 출입기자
최다 특종 군사전문기자
유용원
핫이슈 칼럼집

우리도 핵무장을 해야 하는가?

초판 1쇄 인쇄 2016년 1월 25일
초판 1쇄 발행 2016년 1월 29일

지은이 | 유용원
펴낸이 | 김세영

펴낸곳 | 도서출판 플래닛미디어
주소 | 04035 서울시 마포구 월드컵로8길 40-9 3층
전화 | 02-3143-3366
팩스 | 02-3143-3360
블로그 | http://blog.naver.com/planetmedia7
이메일 | webmaster@planetmedia.co.kr
출판등록 | 2005년 9월 12일 제313-2005-000197호

ISBN 978-89-97094-87-5 03390